生活因阅读而精彩

生活因阅读而精彩

# 淡定的女人不寂寞

DANDING DE NVREN BU JIMO

黄 琳·著

中国华侨出版社

**图书在版编目(CIP)数据**

淡定的女人不寂寞 / 黄琳著.—北京：
中国华侨出版社,2011.11

ISBN 978-7-5113-1816-9

Ⅰ.①淡…　Ⅱ.①黄…　Ⅲ.①女性-人生哲学-通俗读物
Ⅳ.①B821-49

中国版本图书馆 CIP 数据核字(2011)第213673号

**淡定的女人不寂寞**

著　　者 / 黄　琳
责任编辑 / 严晓慧
责任校对 / 孙　丽
经　　销 / 新华书店
开　　本 / 787×1092毫米　1/16 开　印张/17　字数/300 千字
印　　刷 / 北京建泰印刷有限公司
版　　次 / 2011 年 12 月第 1 版　2011 年 12 月第 1 次印刷
书　　号 / ISBN 978-7-5113-1816-9
定　　价 / 29.80 元

中国华侨出版社　北京市朝阳区静安里 26 号通成达大厦 3 层　邮编:100028
**法律顾问:陈鹰律师事务所**
编辑部:(010)64443056　　64443979
发行部:(010)64443051　　传真:(010)64439708
网址:www.oveaschin.com
E-mail:oveaschin@sina.com

# 前言
## QIANYAN

　　我们身处怎样的一个时代？喧嚣、浮躁、纷乱、物欲横流，不知所措的人群迷茫地行走在自己认为正确的道路上，被生活和命运带来的喜怒哀乐扯动着每一根敏感的神经。时而笑，时而哭，时而轻舞飞扬，时而愤世嫉俗。后来，渐渐厌倦被折磨，想要求得解脱，却不知该如何去做。整日发誓要努力变得强大起来，想要波澜不惊，看淡一切是非恩怨，到头来还是越陷越深。

　　女人的心思从来都是细腻而敏感的。于是，更容易被现实所伤，更容易在颠沛流离或珠光宝气的生活里迷失自我。经历了太多，承受了太多，有时会忽然觉得找不到出口。羡慕别人的生活，得不到，心有不甘，怨天尤人，终究还是苦了自己。

　　"智者乐山山如画，仁者乐水水无涯。"如何面对生活、面对命运所带来的纷扰与坎坷，其实是取决于人的心境的。常言道："世间本无事，庸人自扰之。"如果能将所有复杂的心结、欲望、悲喜都抛开，还内心一片清净之地，便可以潇洒自在，淡然生活。

　　曾几何时，一句"淡定，淡定"的口头禅广为流传，很多人用它来聊以自慰或劝解旁人。然而，在重重生存的压力之下，在层层欲望的包裹之下，想要轻轻松松地做到"淡定"二字实属不易，但也并非无法实现。只要能够保持一份善良、率真、坦荡的心境，放下所有的沧桑、功利和爱恨情仇，不张扬、不虚荣、不苛求、不盲从，就能尽情地享受生活，享受随遇而安的美丽。

那么，是不是学会了对凡事漠然处之、丝毫不在乎，甘愿平庸、碌碌无为地生活，就算是淡定了呢？有人说，我没有追求，命运给予什么，我就接受什么，顺其自然地发展，得到就得到，失去就失去，我很淡定。而事实上，淡定绝不是如此简单的生活态度。淡定应该是高一层级的生活态度和人生境界。什么都不做，什么都不去争取的人，只能算是平庸。真正淡定的人，是完全有能力追求自己想要的所有，但又看淡那些虚妄的浮华，心甘情愿地固守着自己的小幸福，与世无争地活着，简单而快乐。

淡极始知花更艳，愁多焉得玉无痕。花朵会因淡雅而更显得娇艳，而女人也会因淡定、从容的内心显得更加美丽。淡定的女人或许不会成为众人瞩目的焦点，但却从来不会被人遗忘；淡定的女人或许不会轰轰烈烈，但却可以享受细水长流的悠远绵长；淡定的女人或许不会妩媚妖娆，但却可以智慧儒雅；淡定的女人或许不会光彩夺目，但却可以清新淡雅；淡定的女人或许不会得到人们心目中所判定的幸福，但却可以远离悲剧。

幸福就像手中紧握的沙子，握得越紧，流失得越快。放慢追逐的脚步，做从容淡定的女人，从此不寂寞。

# 第 1 章　淡定是人生最深切的感悟

这个世界给了女人太多的浮华、虚荣、诱惑和曲折，许多女人为一时的光鲜所累，在悲伤和痛苦中挣扎，埋怨生活和命运的不公。若要求得心灵的解脱，重新面对生活赋予的缤纷色彩，就要学会淡定。学会淡定，方能心境开阔，处之泰然。

# 第 2 章 "淡" 在年龄之外：
## 似水流年，沉淀的是生命的质感

没有人能够拒绝岁月的痕迹，时光带给女人的不只是年华的老去，还有一份成熟、优雅和从容。即使年龄可以伪装，这份心境也无法伪装。而正是这样的内心，才能使女人拥有自己独特的气质与魅力。

# 第 3 章 "淡"在名利之外：
## 物质的争取不如心灵的升华

在女人的名利场上，每走一步都要小心翼翼。如果你不想参与其中的争斗，就千万要保持适当的距离。深陷名利场的女人们演绎着世间最虚幻的华美，但心里的痛苦恐怕只有自己清楚。真正聪明的女人是懂得淡泊名利的。剥下哗众取宠的外衣，看淡虚假的光环，自由自在地徜徉在这个世间，何乐而不为？

# 第4章 "淡"在诱惑之外：
## 人生是一场最寂寞的坚守

诱惑，在世间广泛存在。它在每个人的身边，伺机而动。没有人能够摆脱它，也没有人能够消灭它。轻易就能够被诱惑的女人，内心是脆弱的，终会在诱惑中迷失自己。唯有能够淡然面对诱惑的女人，才是珍贵的。

女人们常说，我再也不会被骗了。然而事实是，不管多少次，只要对了胃口，还是会乖乖地奔诱惑而去。

当一份诱惑摆在面前，你可以有一百个理由去接受它，也可以有一百个理由拒绝它，就看你是否能掌控自己。

诱惑之所以为诱惑，就因为它很难看清，很难抵御。但身为女人，我们不能让每个诱惑都在自己的身上留下印记。

想玩诱惑，就难免玩火自焚的结局，真正聪明的女人是不会让自己遭遇这种危险的。

想要分辨诱惑，就要具备在诱惑面前保持淡定的能力。

# 第 5 章 "淡"在虚荣之外：
## 与浮华说再见,才能找到自己的本性

有人说,虚荣其实是个中性词,关键看虚荣的人想要用虚荣换回什么。当然,我承认,虚荣是可以令人发愤图强向前冲的,但我宁愿将那种虚荣称作自尊心。这里,我们要探讨的,只是负面的虚荣,那种为了面子不顾一切的举动。

# 第 6 章 "淡"在自负之外：

## 别把自己不当回事,也别把自己太当回事

那些在众星捧月的环境下长大的"公主",那些有了一定的资历或经济基础的女人,都难免会自恋、自负。心甘情愿保持低调的女人并不多,小时候做惯了"公主"的女人,长大了都想当"女王"。但就算你有当"女王"的资本,也千万别以为自己真的无所不知、无所不能。

# 第 7 章　"淡"在得失之外：
## 越想得到越难得到,越怕失去越易失去

人们往往在"得"与"失"中纠缠，频繁地计算自己得到了多少，又失去了多少。竭尽全力想要在"得"与"失"之间找到平衡。然而，很多时候，正因为太过在乎，才会令自己迷失方向或者畏缩不前。看淡得失，才能卸下命运中的沉重枷锁，谁能说这一次的失去，不是为了下一次的得到呢？

# 第 8 章 "淡"在固执之外：
## 跳出偏执藩篱才能做通达的女人

固执，会使女人失去原有的那份可爱、优雅和洒脱，变得不可理喻。因此，女人们应当学会灵活些、圆滑些，该放弃的时候放弃，该认错的时候认错，才能跳出固执的怪圈，拥有开阔、通达的心态。

# 第 9 章 "淡"在过往之外：
## 忘不了是凄然，放得下才释然

我们总会对一些事情念念不忘，不断地在回忆里寻找，留恋于最初的美好，沉浸其中，不愿走出来。然而生命中不断地新旧交替，如果只一味地沉浸在过往所带来的那些快乐或遗憾里，就会错过眼前的风景，乃至整个生命的旅程。学会让自己抽身而退，淡然地面对过往，才能摆脱内心的纠缠。时刻提醒自己，给自己一点点勇气，会走得更从容、更快乐。

# 第 10 章　"淡"在贪婪之外：
## 不被贪婪所诱惑的人最没有负担

在贪婪者的眼中，没有妥协或者放弃的概念，只有不断地索取和追求更多自己想要的东西。可如果眼睛始终盯着自己的利益，甚至不惜牺牲别人的利益来满足自己，就会面临走向覆灭的结局。聪明的女人懂得如何克制自己的贪欲，凡事细水长流，日积月累，才能获得更多。

# 第 11 章 "淡"在妒忌之外：
## 一切妒忌的火焰，总是从燃烧自己开始

妒忌之心人皆有之。我们不奢望能够彻底消灭内心的妒忌之情，但也不能肆无忌惮地放纵自己的妒忌。这个世界原本就存在诸多不公平，多想想自己的优势该如何发挥，总好过盯着别人的优势折磨自己。淡定的女人懂得如何遏制自己的妒忌之心，她们会告诉你，其实女人也可以不善妒。

# 第 12 章 "淡"在残缺之外:
## 承认不完美,心灵才自由

爱神维纳斯的断臂被称作是"震撼人心的残缺",带给人无边的想象和不尽的梦幻。在无数人的心目中,都认为它具有崇高的美学价值,包含着对美的深沉挖掘和理性思考。我们无须深究维纳斯的残缺之美究竟拥有怎样的内涵,但要学会在生活和人生中承认残缺,欣赏残缺,弥补残缺,从而解开追求完美的心灵枷锁,还自己一份自由。

# 第 13 章 "淡"在抱怨之外：
## 抱怨是女人一生最无益的损耗

有些女人不能够恰到好处地拿捏抱怨的数量和时机，不分场合、不分对象，没完没了地诉说。时间长了，日子久了，就容易令人生厌。如果女人能够少一些抱怨，就能获得更多的幸福感。很多时候，我们并不是没有快乐的资本，而是在抱怨中亲手毁掉了快乐的星星之火。

# 第 14 章 "淡"在幻想之外：
## 幻想是女人不成熟时都爱做的傻事

幻想的世界不存在，生活仍然要继续。如果不能很好地平衡幻想与现实的重量，就会失去面对人生坎坷的勇气和力量。女人并非天生脆弱不堪，所以女人也无须生活在幻想中。摆脱幻想的诱惑和纠缠，不要做现实的逃兵。内心强大的女人，才能在经历现实的风雨后遇到最美丽的彩虹。

# 第1章

## 淡定是人生最深切的感悟

这个世界给了女人太多的浮华、虚荣、诱惑和曲折，许多女人为一时的光鲜所累，在悲伤和痛苦中挣扎，埋怨生活和命运的不公。若要求得心灵的解脱，重新面对生活赋予的缤纷色彩，就要学会淡定。学会淡定，方能心境开阔，处之泰然。

# "淡"是心境

不以物喜，不以己悲。得意时，不必奔走相告，彻夜狂欢；失意时，也不必寻死觅活地悲伤痛苦。

曾经很喜欢"心如止水"这个词。每当经历内心的痛苦与悲伤，就会反复提醒自己不要纠缠，不要太在乎。但还是免不了在触景生情的时候心怀不甘，觉得命运亏欠自己太多。而这份心情，总要随着时间的流逝才能渐渐变得模糊不清，只剩下那些伤痕，一道道地刻在记忆里。才明白，这普普通通的 4 个字，并不是那么容易做到的。

很羡慕有些人，可以镇定地面对命运带来的诸多曲折坎坷，不在意周围的人有怎样的幸运和财富，只是执著于自己脚下的路，做好自己应该做的每一件小事，不在乎结果是否符合自己的预期。虽然看似平淡，但一路上却是风光无限。工作、感情、生活，每个方面都可以经营得有声有色。即使在旁人看来并不够富足，却可以保持平和。

不以物喜，不以己悲。得意时，不必奔走相告，彻夜狂欢；失意时，也不必寻死觅活地悲伤痛苦。这样的道理，我们都懂。然而，我们仍然疲惫。整日抱怨活着真累，失去了太多本应珍惜的，又得不到自己想要的，面对重重压力，在黑暗中彷徨失措，寻不到适当的出口。带着如此心境，想要获得救赎和解脱，近乎痴人说梦。

女人的心思向来是比较敏感和脆弱的，遇到不顺心的事情就容易胡思乱想，而且往往是越想越坏，越想越离谱。原本并没有怎样严重的事情，也会在内心的恐惧中变得越来越可怕。

比如，在工作中，因为自己的方案或者报告不符合领导的喜好，而领导刚好又心情不好，于是被狠狠地教训了一顿。这本是很多人都会遇到的事情，耐心找出自己的问题，重新修改，总会得到认可，并不是什么过不去的坎儿。就算当时的确是因为领导的心情，将问题扩大化，也不必太过在意。做好自己的工作，才是根本。然而，对有的人，特别是自尊心比较强的女人来说，这却是噩梦般的遭遇。自己辛苦努力的结果被轻易否定，是不是能力不够？是不是领导故意和自己过不去，还是彼此之间注定没办法配合默契？有了这样一个情绪化的领导，以后的日子怎么办？很多问题徘徊在脑海里，挥散不去。精力已经无法集中在当前的这份工作任务上，而会随着纷乱的思绪不断地扩大。如此以来，解决问题就变成了一项很浩大、很复杂的工程，甚至会考虑到是否要继续从事这份工作。当内心的恐惧感和迷茫感加重的时候，往往容易作出错误的决定。

比如，在感情中，两个人之间的感情越深，越容易发生各种各样的误会。对于很多女人来说，没有办法看着自己心爱的男人与其他的漂亮女孩做朋友，动不动就吃醋、无端地猜忌，或者强迫爱人不能与其他女孩来往。如果说偶尔吃吃醋，还算是一种可爱、在乎的表现，那么太过在乎，就会给双方造成心理上的压力和负担。长此以往，裂痕不断加深，就会成为无法弥补的错误。很多人都曾因误会而错过一段感情，再记起，只有满心的悔恨和伤痛。可如果不能使自己在面对这类事情的时候变得释然，就还会发生相似的事情。

再比如，在生活中，有些本可以扼杀在摇篮里的小事，会被某些人演变成大事。有个最简单的例子：某人刚刚与别人吵过架，心情很糟，脸色和语言带着诸多不快。而这时，另一个人刚好试图与他沟通。见到如此情景，通常会有两种结局。第一种，是就事论事。不管之前发生了什么，只要后来的这个人带着友好和善意，事情就会圆满解决。第二种，是两人之间再起冲突。因为后来的人见到这位不愉快的先生或小姐时，误以为对方不友好或者认为对方因其他事情迁怒到自己身上。于是，自己心里也产生了不快。这种急躁的、不分青红皂白就妄下判断的情绪，实在是不够冷静的。

悲剧总是重复上演，命运的境遇总是如此相似，而相似的结果其实是取决于性格和处世方式的。我们会羡慕身边的人有温婉的性格，有人见人爱的境遇，有豁达、开阔的心胸，就好像世间的事从来都不会对他造成伤害，这种对恶劣环境的免疫能力实在值得令人羡慕。假如身边有一个淡然自若的女孩，清雅得就像风中的一朵茉莉，你也许会忽然觉得，生活远比你想象中的要美好。

人生最好的境界是丰富的安静，也就是所谓淡定。保持一种淡然、安定的心态，看轻世间的纷纷扰扰，不轻浮、不烦躁、不急功近利，遇事要沉静、多思考、稳如泰山，才算是拥有了丰富的精神宝藏。

"淡"是心境。不管外表显得多么镇定自若，唯有内心真正的平和，才能使人保持淡定。每个人都有着不同的过往，经历不同，对周围事物的看法和处世方法也不尽相同，因而内心产生的情绪千姿百态。想要做到惊喜过后的沉静、成功过后的思考、被称赞过后的自省，就需要拥有一份"淡"的心境。

也曾有人觉得，一个人养成了"淡"的心境，未必是件好事。"淡"到了骨子里，凡事忍气吞声、碌碌无为，此生注定平庸。然而，这不过是对淡定的一种误解。或者说，这不过是一种消极的淡定，自然是不值得推崇的。

真正的淡定并不是消极、无为的，而是学会放过那些不切实际的目标和追求，抛弃虚妄的浮躁和幻想，明白什么样的事是切实可行，能够通过努力实现的，而后才会付出自己全部的精力。不好高骛远，也不盲目攀比，有所为，有所不为，方能实现有为。生活中，我们时常会遇到说话不着边际的人或者爱做梦的人，接触得久了，只能敬而远之。如果多么宏大的理想和野心都只能是空谈，那么追求也就显得毫无意义了。所以，保持淡定的心态，才能找到真正适合自己的路。

真正的淡定也不是平庸的、无能的，相反，还可以精彩纷呈，轰轰烈烈。因为淡定的人有能力去争取自己想要的一切，他们可以按部就班地完成自己预期的目标，整个过程看似要比普通人顺利些。就像对你来说是比较辛苦才能完成的工作，对另一个人来说只要稍微认真就可以做得很好，但他却并不以此为傲。拥有如此心境的人，又怎么可能是碌碌无为的呢？

泰戈尔曾说："在那里，我们最为深切地渴望的，乃是在成就之上的安宁。"淡定的心境，将会让生命充满光彩。

# "淡"是从容

容，盛也。一个人的内心能够包容多少，他的内心世界就有多广大。

我们身处一个宏大、深邃、久远的世界。在宇宙和历史的连绵不尽的时空中，每个人都犹如大海中的一滴水，微不足道。然而，正是微不足道的人们在创造和改变着这个世界。一部分站在世界前沿的人，主宰或引领着世界前进的方向，只因他们的内心可以很开阔。"海纳百川，有容乃大。"容，盛也。一个人的内心能够包容多少，他的内心世界就有多广大。如果能够随心所欲地支配这份豁达，便可以达到一种"自信人生二百年，会当水击三千里"的境界。而这种境界，即是从容。

当前，我们身处一个快节奏的世界。凡事喜欢追求效率、抢时间，没有人愿意比别人慢半拍，好像一旦慢了，就会失去所有的机会和财富。所以，每个人都行走在一条狭窄而绵长的路上，眼睛紧紧盯着前方，一门心思地努力向前冲。

走路要迅速，每时每刻都是一副赶时间的样子；开车要迅速，不然塞在路上就会浪费时间；用餐要迅速，没有那么多空闲时间浪费在吃东西上；升职要迅速，才能获得比别人更好的发展前途；财富的积累要迅速，不能让生活水平和档次落在别人后面；结婚要迅速，自己好不容易调教出来的人，不能留给别人用现成的。如此看来，世间的事，好像都是火烧眉毛、十万火急的，每个人都在与周围的人拼速度，难道速度真的可以决定一切吗？

路走得太快，会错过美丽的风景；车开得太快，容易发生意想不到的危险；食物吃得太快，对身体是一种伤害；职位升得太快，或许会陷入对权力的迷恋；财富积累得太快，可能会带来更多不安和意外；结婚太快，也许会因不够了解，而在婚后萌生后悔的情绪。任何事情都有两面性，速度并不是走向彼岸的唯一条件。很多时候，我们需要停下来，静静地思考，使原本细长、狭窄的世界，变得开阔。当光明弥漫开来，照亮路旁的黑暗，你也许会在未知的领域发现惊喜，而这需要的不是速度，而是从容。

从容，意味着你需要刻意地放低自己，以一种低调、谦逊的态度面对人和事。这样，才能在遇到任何事的时候，都能坦然面对。不管是成功还是失败，不管是登至顶峰，还是跌入谷底，都不会让自己的心态失去平衡。有的人，仅仅赢得一点小小的成绩，就飘飘然起来，盲目地认为自己很有天赋、很有潜力，已经可以超越所有同类，早已将"天外有天，人外有人"的道理抛到九霄云外。内心的不断膨胀，使性格变得狂妄、自大、目中无人。渐渐地，不仅失去了继续前进的资本，也失去了真心相待的朋友，一旦遇到挫折，便会败得一塌糊涂，甚至再也没有东山再起的机会。做人，实在没有必要为了一时之快而将自己逼入绝境。拥有一份低调与谦逊的从容态度，并不会让你失去什么。相反，还能获得世人的尊重和继续迈向新成功的资本。因为永远都给予自己足够的上升空间，永远不满足，所以才能不断地自我提升。

从容，意味着你需要抛开世间的诸多诱惑和欲望，给内心自由的空间。这样，才能明白自己想要的是什么，按部就班地走自己的路，不为那些虚妄的名利和梦想所束缚。在这个令人眼花缭乱的世界，人们期盼一夜暴富、一见钟情、一鸣惊人，时时刻刻充满紧迫感，别人得到的，自己也要拥有，如若不然就是失败。我们就像在茫茫大海里游荡的鱼，见到美味食物的诱惑，就奋不顾身，不管前方等待自己的究竟是什么，先拿到自己想要的再说。华丽的钓饵往往会让鱼儿付出生命的代价，对于我们来说，光鲜的诱惑往往也会让我们付出各种各样惨痛的代价。如果你喜爱钓鱼，如果你曾经钓过鱼，那么你是否嘲笑过傻乎乎的鱼儿？而当你嘲笑鱼儿的时候，是否又会想到现实中的自己？当我们抱怨世界太复杂、太黑暗、太离谱的时候，又可曾想过自己的心态，是不是有利于自己去面对这样一个世界。事实上，很多时候，不是这个世界欺骗了你，而是你自己欺骗了自己。心灵的自由，是一种自我解放。从那些不切实际的追求中解放出来的人，会走得更惬意、更潇洒。

从容，还意味着你需要看清自己的能力和特质，积极进取，不管遇到怎样的艰难险阻，都能够保持勇往直前的决心和信心。从容是不慌不忙，有条有理，但绝不是与世无争。"一万年太久，只争朝夕。"从容不是闲适、不是志趣、不是逃离、不是避让、不是愚顽、也不是自欺。如果你认为从容是躲在自己的世界里，避开世间的纷争，那就大错特错了。我们不仅要"争"，还要讲求策略地

"争"。永远不要用自己的短处和别人的长处"争"，也不要有勇无谋地乱争一气。如果你的英文不如别人的水平那么高，也许你的中文会比他好；如果你的中文不如他好，也许你的艺术鉴赏力会比他好；如果你的艺术鉴赏力不及他的高度，也许你的厨艺会比他强。每个人在面对别人的时候，都不会完全处于下风。只因特点不同，行业不同，生活环境不同，所以人与人之间本是没有多少可比性的。可偏偏就有很多人想不开，一定要用自己的短处与别人的长处争，想尽办法也讨不到便宜，反倒是伤了自己。还有的人愿意逞匹夫之勇，明了彼此间的差距，非要硬碰硬，把自己折磨得惨烈无比，却只能被当作傻瓜。其实，承认目前的差距，未尝不是一种前进的方式。只有了解自己的弱势，才有机会去改变，一味地用鸡蛋碰石头，是毫无意义的事情。保持良好的心态，扎扎实实地向前走，这份从容可以为你带来意想不到的惊喜。

"没有从容的心境，我们的一切忙碌就只是劳作，不复有创造；一切知识的追求就只是学术，不复有智慧；一切成绩就只是功利，不复有心灵的满足。"心定，方能行淡。拥有从容的处世态度，才算得上淡定。

"淡"是从容。想要懂得淡定，便要学会享受一份从容。凡事皆可淡然处之，理智地看待生活、工作和情感方面的问题，学会感恩，学会赞美，学会认清自己，才能找到生存的方向。

# "淡"是舍得

> 人生充满"舍"与"得"的重复，谁能够在舍弃与获得之间保持平衡，掌握好适当的尺度，谁就可以达到淡定、超脱的境界。

身处世间的我们，似乎特别喜欢扮演悲情的角色。命运带来诸多坎坷，总是令我们被迫放弃所拥有的。于是，内心生出无法言说的痛苦，我们就像弄丢了心爱玩偶的孩子，觉得自己是天底下最伤心、最倒霉的人。久而久之，人生也抹上了浓烈的悲苦色彩。

常常听周围的人诉苦。有时，倾诉换来一些安慰的话语或者同情；有时，会从一个人的倾诉，演变到两个人的同病相怜。而倾诉过后呢？一切照旧。生活仍然是老样子。会有新的、相似的遭遇再出现，或者会就同一件事向新的倾听对象诉苦，获得更多的抚慰和同情。除此之外，似乎不会再有任何意义。渐渐地，我们的这些负累越来越多，前进的脚步也迈得越来越艰难。我们以为自己承受了太多的伤害、无助、迷茫、痛苦，已经没有办法再继续面对阳光。然而，我们的处境真的有这样糟糕吗？

古人有"因祸得福"的说法。世事变化无常，没有任何事能够一成不变。当你遭遇灾祸或不幸的时候，也许会因了这次事故而躲过其他原本会发生的灾祸或不幸。就像那个古老的故事：老汉家的一匹马不幸走失，几天后却带回几匹烈马。后来，老汉的儿子因骑烈马摔断了腿，却又因为断腿而躲过了兵役，避免了战祸。事件兜兜转转，几经波折，每个阶段所发生的事，都不能凭一时的结果来界定究竟是福事，还是祸事。所以，对我们来说，某些看似悲惨的遭遇，事实上并不那么糟糕。无须纠缠其中，耿耿于怀。正所谓：有舍才能有得。想要获得，必须舍弃。

"舍得"是一个颇具哲学意味的词语，就像阴与阳、天与地、悲与喜，舍与得一样，是彼此既对立又统一的矛盾概念。人生充满"舍"与"得"的重复，谁能够在舍弃与获得之间保持平衡，掌握好适当的尺度，谁就可以达到淡定、超脱的境界。

"淡"是舍得。如果在舍弃与获得时，都能够淡然一笑、平和面对，就不会背负功名利禄的压力，也不会纠缠于曲折坎坷带来的伤痛中，可以游刃有余地游走世间，给自己一份轻松、恬淡的生活。人生中重要的并不是"得不到"和"已失去"，舍掉陈旧不堪的执念，放下不切实际的虚妄之想，才能得到新的观念、新的思维，才能比别人前行得更快、更远。而在得到时，也无须得意忘形，如果误以为已经收获了自己想要的，便可以高枕无忧，那么接下来将要面对的不仅不是停滞不前，还会节节败退，就像龟兔赛跑中那只骄傲的兔子，一觉醒来就什么也没有了。所以，面对舍弃或者得到，都要淡然处之。

淡然面对舍弃，需要一种"放下"的心态。其实，我们都知道"放下"是一件多么难做到的事情。想要放下工作中遇到的不顺心，如对公司的不满、对老板的抱怨、对主管的厌恶、对同事的成见；想要放下感情中的悲喜交加，如那个人的好、那个人的坏、那个人的甜蜜、那个人的伤害；想要放下生活中的酸甜苦辣，如亲人的期盼、亲人的失望、朋友的维护、朋友的背叛。但这些事情又是多么清晰地印在脑海里，怎样也抹不掉。它们构成了人生的纪录片，一遍又一遍地自动循环播放着，越是想忘记，记忆越清晰。

因为不能舍弃，我们便只好背负着沉重的包袱往前走。在经过一个又一个坎儿的时候，越发显得艰难。当疲惫成为人生的主题时，我们就已经失去了赢得精彩人生的砝码。当面对困难越来越无力，我们又怎么能够相信自己还会拥有未来的光明呢？因此，我们不妨尝试放弃一些对自己来说微不足道的小事，让这些已经过去的事随风而逝，不再纠缠其中。比如，你的同事在背后说你的坏话，碰巧被你听到了。这时你大可不必上前与他争执，或者以其人之道还治其人之身，那样只能说明你和他处在同一水平线。你也大可不必让这件事在心里徘徊不散，总像是失去了什么。要知道，多数人都有自己的评判能力，不会因一面之词而改变对你的看法。就算一时听信了他的话，也会在天长日久的交往中发现真相。特别是对于女人来说，身边的这类事件层出不穷，如果你放不下，总是为此结下心结，这些小事很可能会毁了你的前程。学会将它们抛之脑后，才能做好自己该做的事，走好自己该走的路。而舍弃的小事多了，就可以尝试舍弃那些较为沉重的包袱。一个方案的失败、一个客户的失去、一个爱人的离开……虽然，这些伤痛足以让你铭记，但它们都不过只是你漫长人生中的一次小小的失误，完全可以从头来过，没有什么大不了。舍弃了它们，就等于给了自己重生的机会。"放下"的心态，值得我们好好修炼。

而淡然面对获得，则需要一种"平静"的心态。当你拥有了别人没有的东西，甚至是别人特别期盼能够拥有的东西，你会有怎样的反应？我想，多数人都会有短暂的兴奋和欣喜。紧接着呢？就会有不同的态度。有的人会在这份"获得"中肯定自己，随即将自己的"获得"放大，自信无限膨胀，觉得自己无所不能，比周围的人都强。以一种高傲、目中无人的态度面对接下来的旅程。有的人会冷静思考，在欣然接受这份"获得"的同时，反思自己"获得"的原因，找到继续提升自己的空间和信心，为下一次的"获得"做好充足的准备。后者当然是面对"获得"的正确选择。然而，当惊喜来临的时候，我们真的可以在狂欢过后选择冷静，真的可以让自己的心态沿着正确的方向发展吗？比如，你获得了公司的年终最高奖，被领导高度赞扬并顺利升职，你是否还会放低姿态，平等地看待身边的同事和朋友。比如，你拥有一个优秀的男友，各方面都要好过身边的其他朋友和同事，你是否会保持低调，从不炫耀。再比如，你幸运地得到一笔意外之财，你是否会冷静地面对，好好地规划它们的用处，而不是忘乎所以地将自己喜欢的东西都买回家。

"获得"是不易的，不管是辛苦得来的，还是意外惊喜。辛苦得来是通过长久的积累，而意外惊喜是发生概率极小的，所以两者都需要加倍珍惜。珍惜的方式，当然就是保持平静和淡定的心态。只有这样，才不会被"获得"冲昏头脑，从而导致乐极生悲的结果。

舍得，是一种人生的智慧和处世哲学，涵盖着无尽的禅意。只有学会"舍得"，才能在遇到任何事的时候都保持淡定自若的超然态度。"淡泊以明志，宁静以致远。"不能舍得，就难以淡泊，也无法致远。就如登山，若不能舍得"清泉石上流"的淡雅志趣，就无法登上山顶体会"一览众山小"的豪迈情怀。

# "淡"是智慧

> **"淡"是智慧，是"智"与"慧"的平衡。当我们不断地追求自身"智"的高度时，也不能忘记"慧"的广度。**

智慧，是世人追求的根本。在精致的生活中，在通达的人生中，必然是处处彰显着智慧的。

小时候，我们喜欢别人称赞自己"聪明"，也时常与周围的同龄人攀比智商的高低。一旦确定自己的智商比别人高，就觉得自己已经拥有了高人一等的资本。不管做什么，都会比别人做得好；不管学什么，都能比别人学得快；不管理解什么，都会比别人理解得深刻。那么，一个人智商的高低，真的可以代表这个人的智慧吗？

有个关于世界顶级高智商俱乐部"门萨"的故事，是这样的：几个"门萨"的会员一起去一家小饭馆吃晚餐，细心的他们发现，桌子上两瓶分别装着胡椒和盐的小瓶子，贴在瓶盖上的标签颠倒了。他们对此发生了兴趣，并决定开动脑筋，在不借助别的容器的情况下，将瓶子里的调料颠倒过来。经过短暂的讨论，他们提出了一个只用一张餐巾纸和两根吸管就能解决问题的方法。接下来，他们找来服务员，说明情况，并表示愿意帮忙纠正错误。可意外的是，服务员并没有对他们的讨论结果发生任何兴趣，她只是说了句"对不起，先生们"。而后，不慌不忙地将两个调料瓶子的瓶盖对调过来。

这个略显尴尬的小故事很明白地告诉我们，高智商的人行事并不见得一定比别人高明。很多时候，高智商的人会将简单的问题复杂化，因为他们通常喜欢选择看似高深的角度考虑问题，也喜欢卖弄自己的高难度、高技巧，导致结果成了一次高谈阔论的表演，没有任何实际意义。真正的智慧，是豁达而开阔的，包含着谦逊、理智、博爱、道德等各个方面。想要拥有它，就需要一份淡定的心境。

"淡"是智慧，是"智"与"慧"的平衡。当我们不断地追求自身"智"的高度时，也不能忘记"慧"的广度。一个有慧根的人，更善于从世间繁杂的事物中了解和掌握规律，做人潇洒、淡然，做事从容、有序，方为人生的至高境界。自古至今，那些真正拥有大智慧的人都是处乱不惊、游刃有余的。

当一个人无法放下心中的执念时，就会表现得心浮气躁，不能冷静地分析事物，不能看清自己的处境，就无法对事情做出正确的判断，也不能冷静地分析对策，即使有再多的智慧也毫无用处。只有当内心真正安静下来，放下那些无谓的思考和偏执的情绪，才能产生灵魂升华之后的大智慧。《大学》中说："知止而后有定，定而后能静，静而后能安，安而后能虑，虑而后能得。"真正拥有智慧的人，都离不开一份镇定自若的心境。

古时，《三国演义》中诸葛孔明的空城计，至今仍被人津津乐道，堪称千古绝唱。大兵压境时的凭栏而坐、抚琴高歌，是何等超然的气魄。那份淡然，那份安然，都显现出他高人一等的智慧，令无数后人钦佩不已。而对于身处现世的我们来说，即使不能拥有这般气度与魄力，也至少可以临摹几分，提升自己。曾经，一位朋友在面对竞争对手的时候，就是依靠几分淡定从容才渡过难关。后来，提及当时的情景，她仍然记忆犹新。那是一场业余的辩论赛，她顶替临时不能上场的好友，担任第二辩手。辩题不熟悉，资料仅在赛前浏览了两遍，而自己又不擅长辩论。这样窘迫的时刻，她唯一能做的，就只有自我激励。比赛中，她的发言虽然并不多，但那份自信和坚定的态度，还是令对方的辩手感到压力。而背负着压力，便很容易失去镇定从容的心境，也就很难有出色的发挥。最终，这位朋友不仅没有给团队拖后腿，反而帮助团队获得了比赛的胜利。

在工作中，时常会遇到需要紧急解决的问题。如果你气定神闲，一步一步地解决，也许 5 分钟或 10 分钟就能完成。如果你因着急而慌乱，找不到头绪，就很容易忙中出错，反而耽误了时间。这就是为何人人都在忙碌着，但忙碌的结果却不尽相同的原因。有的人能妥善解决问题，有的人却将工作变成一团乱麻。而在生活中，同样如此。如果你手忙脚乱地做一盘菜，就很可能会令原本很好的厨艺大打折扣。因而，想要做一个拥有智慧的人，切不可缺少淡然之心。不然，就成了"盛名之下，其实难副"的表面功夫。就像前文提到的那些"门萨"会员，背负智慧的盛名自命不凡，内心时常充斥着名利的争夺，总希望在常人面前显示自己的头脑，却往往在实际生活中将问题复杂化，看不到捷径。

做个淡然的智者，学会用一颗包容、坦荡、明智的心对待生活，对待生命，对待变幻莫测的曲折人生。

# "淡"是优雅

想要破茧成蝶，还需要淡然地面对生命中的艰辛和挫折，只有经过苦难的洗礼，才能成就真正的优雅女人。

"优雅"对于女人来说，是一个很有诱惑力的词儿。因为女人们都懂得，优雅是一个女人身上最有分量的妆容，远比各类化妆和搭配技巧要有价值得多。只要有足够的耐心与细致，每个女人都能学会通过精巧的化妆技术来为自己打造一张精致的脸孔，或通过准确的着装搭配遮掩自己身上的每一处瑕疵。然而，想要塑造自身骨子里的优雅，却无法单纯地依靠学习和练习来实现。

优雅是一种和谐的美，也是一种超脱的气质和神韵。它既需要有得体的外在装扮，也需要有高尚的内在情操。一个优雅的女人，应该是温柔的、知性的、豁达的、包容的、平和的。她可以不够漂亮，但必定是美丽的；她可以不够高贵，但必定是个性的；她可以不够博学，但必定是智慧的；她可以不够超脱，但必然是平和的。然而，想要做到这些特质中的任何一方面，都很困难。所以，想要成为一个优雅的女人，是难上加难的事情。

原本，做女人就已经很不易。我们经常要面对不顺心的工作，不顺心的感情，不顺心的生活。各种各样的事情交织在一起，杂乱无章，理不出头绪。稍有疏忽，便有可能犯下错误，伤到自己。当我们像个惊慌失措的小鸟，在这个世界到处横冲直撞，想要闯出自己的一片天地的时候，几乎已经没有足够的时间和空间塑造优雅的自己。可一个女人想要赢得别人的尊重，想要拥有属于自己的事业和地位，就要培养优雅的高尚境界。

女人的优雅是模仿不来的。邯郸学步的故事虽然听上去有些许夸张，但一味地学习和模仿别人，的确会把自己原有的特质也丢失。女孩子有时喜欢攀比，见到比自己漂亮，比自己有文化，比自己受欢迎的女孩，就会不自觉地学习或模仿对方的样子。比如，办公室里的某个漂亮的女同事新做了受欢迎的发型，其他女人也会想要改变自己的发型。再比如，杂志上流行的服饰和搭配，总是特别受欢迎。不管究竟适不适合自己，许多女人总是喜欢优先选择流行的、时尚的、受大众欢迎的服饰或用品。可随着模仿的人越来越多，模仿出来的形象越来越不靠谱，一些原本可以赏心悦目的特质，也就变得一文不值。说到底，这无非就是一些爱慕虚荣、刻意伪装的女人惹的祸。

真正的优雅，是不能有半点模仿或伪装的。从外表来看，有的女人穿职业装、高跟鞋，是一种优雅；有的女人穿棉麻布衣、帆布鞋，也是一种优雅。只要适合自己的气质和形象风格的打扮，都可以显得优雅、庄重。而从内涵来看，有的女人饱读诗书、博学多才，是一种优雅；有的女人历经沧桑、事业有成，也是一种优雅。只要拥有站在高处的恬淡和潇洒，就不失为是一个真正优雅的女人。而对于还不具备这些特质的女人来说，想要学会优雅，除了要修炼品位、知识、个性之外，最重要的是学会为人处世中的淡定。

"淡"是优雅。也许，我们从优雅的女人身上最难以学到的，就是这份淡雅的态度。这也是为何有很多女人看似已经站在一定的高度，却无法真正优雅的结症所在。我们随处可见那些贵妇打扮的女人，奢侈品在她们的眼里就像生活必需品，可以随意购买，也可以随手丢弃。她们装扮华丽，或许也拥有自己的事业，但无论你怎么看，都看不出她们身上有多少优雅的气质，相反却只有一股子铜臭味。而有些女人，你猜不出她们的身份，只觉得看上去有一种友善、亲和的感觉，言谈举止就像夏日海边清凉的风，让人没有理由不喜欢、不羡慕、不接近。这才是真正优雅的女人。

淡定中的优雅，需要温柔、善解人意的性格。当然，这并不是盲目的、没有原则的柔弱和顺从，而是学会以一种明理、宽容的态度对待周围的人和事。尖酸刻薄、斤斤计较、得理不饶人的性格是女人最容易沾染的坏毛病。很多女孩觉得，做女孩就应该蛮不讲理，就应该被哄、被原谅，一旦得势又希望将对方置于死地，反正自己不能吃亏。这种想法恰恰是心胸狭窄的表现，眼中只有自己的利益，长久下去就形成了以自我为中心的处世方式。在竞争如此激烈的社会里，不管是男人还是女人，都已不愿再迁就这种蛮横的女人。这样的女人不但一点儿也不可爱，有时甚至会让人觉得可恨。优雅的女人，对自己，对别人，都会保持包容的理智态度，能够包容别人没有恶意的错误，即使别人的错误伤到了自己，也会想方设法找到理性的解决方式，绝不会无理争三分。所以，温婉的性格是优雅的必备品质。

淡定中的优雅，还需要有深度的思想和超然的处世态度。自古就有"女人心，海底针"的说法，用来形容女人内心的深不可测。一个令人捉摸不透的女人，自然会吸引更多的、想要窥探究竟的人。好奇，本是人之常情。然而，一个女人是否值得去探究，就要看她的思想内涵究竟有多深了。现今，已经过了"女子无才便是德"的时代，女人身上的学识和故事，体现了一个女人的内涵。随随便便就能够被看穿的女人，已经不会有任何吸引力了。博学多才，有内涵，有故事的女人就像一个丰富多彩的世界，让人想要进入其中看个究竟，或徜徉其中体会无限乐趣。只要能够做到深藏不露，便可以称得上优雅。而在为人处世方面，也要做到从容不迫。不论面对任何人、任何事，都能游刃有余，既不虚张声势，也不低声下气，凭借坚韧不屈的品格和左右逢源的技巧，与世俗的是非黑白抗争。赢的是尊严，积累的是财富。

　　上天给了每个女人同等的学习优雅的机会，从小到大，不管是学校教育，还是社会教育，都是积累、吸收和蜕变的过程。想要破茧成蝶，还需要淡然地面对生命中的艰辛和挫折，只有经过苦难的洗礼，才能成就真正的优雅女人。

# 第 2 章

# "淡"在年龄之外：
## 似水流年，沉淀的是生命的质感

　　没有人能够拒绝岁月的痕迹，时光带给女人的不只是年华的老去，还有一份成熟、优雅和从容。即使年龄可以伪装，这份心境也无法伪装。而正是这样的内心，才能使女人拥有自己独特的气质与魅力。

# 年龄是女人心中的暗伤

身为一个合格的女人，要懂得如何抹掉心底的暗伤，勇敢面对岁月的痕迹。

年龄，与一个人的很多方面有关。

一个人的心智是否成熟，与他的年龄有关；一个人处世是否高明，与他的年龄有关；一个人的经历是否丰富，与他的年龄有关；一个人看问题的角度，与他的年龄有关；一个人对待生活的态度，也与他的年龄有关。

年轻时，性格张扬，富有激情，觉得自己是无所不能的。对很多事情都可以满不在乎，伤过很多人，也被很多人所伤，但仍然我行我素，追求个性。而随着年龄的增长，渐渐开始瞻前顾后，做事前要先考虑清楚轻重缓急，紧抓自己的利益，只要出手，就要获得自己想要的结果。前辈们常说，什么年龄的人，做什么样的事，有什么样的想法，是有定数的。身处什么样的年龄阶段，就该是什么样子，本应如此。然而，很多人，尤其是女人，一方面喜欢扮演青春少女的形象，一方面又期盼内心的成熟。

没有女人可以真的对自己的年龄满不在乎。岁月在女人的身心刻下烙印，带给女人成熟风韵的同时，也消磨了女人的青春气息。有人说，年轻是女人最大的资本，因为年轻女孩身上散发出的那种含苞待放的莹润气息和激情是无可替代的，漂不漂亮已经放在次要位置。而上了年纪的女人，必须要注意修饰自己，要讲求品位，还要力争远离柴米油盐。这原本就不是一件容易的事，需要付出很大的代价。可就算如此，也未必能在与年轻女孩的竞争中占得先机。由此可见，做女人不易，做遮掩自己年龄的女人更不易。对青春不再的女人们来说，年龄甚至成了自身的重要缺陷。

某天中午，我在海边小路闲逛的时候，发现前方不远处有一个打扮得花枝招展的女人。从背后看过去，身材略微有点圆润，衣服是亮丽的紫红搭配黑色蕾丝，款式很前卫，还戴了一顶欧式风格的大帽子。黑色的漆皮高跟鞋踩在石板路上，脚步显得轻松愉快。我忍不住快步走上前，想看个真切，没想到却彻底震惊了。从面相上看，我相信这女人已经超过 50 岁了。脸上的妆偏浓，皮肤略黑又粗糙，显得面目狰狞，再加上这身装扮，活像个没品位的老女巫。如此另类的装扮，自然引来不少人的目光。只听女人和身边的同伴说，我这身打扮，回头率还挺高。对方一副讨好的样子说，哪有人敢轻易这么穿，也就是你，显得年轻。我在女人如花般的笑脸中快步逃离，真后悔自己多了这几分好奇心。

当时，我不由得想，这个女人虽然勇气可嘉，但并没有真正体现出自己的个性和风采。这种刻意地"装清纯"，反而令人感到不舒服。在网络中，隔着屏幕，你可以随意虚报自己的年纪和经历，享受扮清纯的乐趣。没有人会刻意去探究表象背后的真实，因为大家都是以一种虚幻的姿态交往，并需要虚拟世界带来的快乐。偶尔"装清纯"，不是什么罪过。可是在光天化日之下肆无忌惮地"装清纯"，就有点儿影响环境和旁人的心情了。但我想，当她回到家里，卸下这一身的华丽装扮时，也会明白年华不再，也会慨叹自己的容颜已衰，也会明白旁人的恭维终究不过是一场空。而她是否能够了解，这样夸张、做作的做法，只不过是给自己平添了更多的伤痕而已。不如，勇敢地面对自己的年龄，活出别样的风情。

小时候，隔壁邻居家中的老奶奶一直令我印象深刻。她的年龄已经超过60岁，但还是生活得那么精致、那么优雅。穿着干净、得体，带着那个时代特有的风格。从不唠唠叨叨，也不大声叱责，身边的人犯了错，就耐心地给他们讲道理。孩子们喜欢围着她，听她讲述年轻时发生在自己身上的那些曲折的故事。她说故事的时候，总是带着微笑的表情，语调缓慢、温暖，仿佛曾经的那些苦难都是发生在别人身上的。她也从不介意孩子们天真无邪的问题，哪怕是碰触了她内心深处的禁忌。同楼的成年人也喜欢她。人们说，她年轻的时候是读过书的，是位学识渊博的才女。所以大家遇到拿不定主意的事会向她请教。那时，与周围那些抱怨、唠叨的老太太相比，她显得与众不同，显得更加高贵。都说女人变老是很可怕的事情，但当我们面对她的时候，会觉得年龄实在不应该是女人的致命伤。

然而，能够与年龄和平共处的女人实在不多。对于多数女人来说，年龄，是内心深处想要摆脱，却永远也无法摆脱的暗伤。那些因年轻而沾沾自喜、暗自狂妄的女人，是在挥霍自己的青春；那些因年老而黯然神伤、耿耿于怀的女人，是在编织自己的心结。不管是前者还是后者，都会留下难以忘怀的伤。

青春的挥霍，让很多女孩付出了身体和心灵的双重代价。阴暗、叛逆的青春不愿被记起，只能尘封在记忆里。而年长之后的不甘，让很多本该成熟的女人变得不伦不类。无视、抵触自己的成长，只能依靠别人虚假的奉承自欺欺人。可命运并不会因我们自身的执拗而有任何改变。一位著名女演员曾说："我小时候在英国长大，然后在巴黎生活了10年，那里的人没有这种观念。为什么非要年轻、没有皱纹才是美呢？人不是一定要美，美不是一切，它很浪费人生。美要加上滋味，加上开心，加上别的东西，才是人生的美满。"所以，身为一个合格的女人，要懂得如何抹掉心底的暗伤，勇敢面对岁月的痕迹。

# 20 岁, 不要让青春在挥霍中度过

只有在占有优势时仍然保持淡定的女人，才能在青春岁月中积累足够的资本，为未来的人生之路做好充分的准备。

20 岁，是一个美丽的年纪。刚刚摆脱生命中的幼稚和青涩，逐步走向成熟，但又握有选择和发展的主动权，可以游刃有余地塑造想要的自己。所以，这个年龄段对女人来说是很重要的。

20 岁的女人，学到什么，经历什么，遇到什么人，做过什么事，都会对未来的人生之路有着决定性的影响。如果这时候，一门心思埋头苦学，对其他任何事都不闻不问，未来可能会成为那种书呆子类型的人，缺少些许灵气。如果这时候，完全不关心学业，只顾玩乐、逛街、泡吧，未来可能会成为夜店女孩中的精英。如果这时候，内心的很多想法得不到出口，或经历过某些伤害，未来可能会养成阴郁的性格。如果这时候，盲目追求另类，行事叛逆，不计后果，未来可能会拖着一身伤痛缓慢前行。作为最后一个自我修饰的阶段，女人们在 20 岁的时候，实在应该小心行事的。

时常会遇到不知所措的孩子。正在读大学，学着自己并不怎么喜欢的专业，没有任何目标，每天浑浑噩噩地上课下课，偶尔逃课睡觉，不知道成绩和学历最终能够带来什么。有的人不想浪费时间，把空余的精力花费在自己的爱好上面，比如音乐、文字、绘画、手工，等等。有点天赋和灵气的孩子，会获得一些成绩，得到一些安慰和鼓励，然后重新确立自己的目标，从而走上不同的路。还有的人，不喜欢学业，给自己找了各种不能完成功课的理由，只一味地追求另类、叛逆、自由，或者用青春做筹码，换取自己想要的东西，满足自己内心的那点虚荣和欲望。最终，都会为自己的无知和轻率付出代价。

曾结识一个外表甜美的漂亮女孩，性格温柔、细腻，只是特别爱玩。明知父母花费很高供自己上学很不易，仍然没办法安稳完成学业。用各种理由给自己找借口，花费大把的时间和朋友聚会、吃饭、唱歌、泡吧，一身俗气的夜店女孩装扮，乐此不疲地享受生活。闲谈中，她告诉我，自己对现在的生活状态很迷茫，不知道该做什么，不知道未来是怎样的。哪天不出去玩，就觉得无聊到不能忍受，所以只好每天都日夜颠倒地玩。后来，某天她又告诉我她喜欢上一个男孩，想嫁给他。但两个人之间存在莫大的阻力，不知道该怎么办才好。我忽然觉得惊诧莫名。我说，你现在才刚过 20 岁，怎么会有结婚的想法；你可知道，婚姻要面对怎样的压力和生活，那并不是你这样的女孩负担得起的。她说，现在不嫁，怕以后嫁不出去。

我想，从某种角度来看，这个女孩一点也不幼稚，她应该很清楚自己的处境。除了青春靓丽，她没有太多的资本，也不愿为前程选择辛苦、枯燥的生活，也没有特别的爱好和能力。父母的长期娇惯又使她对金钱毫不在意，也不会像某些女孩那样为钱做交易。因而，她的生活几乎没有任何目标，也无须奋斗。但青春总会过去，常年的吸烟、喝酒、熬夜，也会加速她的青春的流逝，她意识到这一点，并产生了危机感。能够在青春结束前找到可靠的丈夫，当然是一种最实际的选择。不过，这自然不是件容易的事。

一个女人究竟拥有多少可以用来挥霍的青春呢？也许只有那么短短的几年，稍不留神就转瞬即逝。就像手中拥有的金钱，如果你好好珍惜、精打细算，它们可以多用些日子，为你带来很多想要的东西；如果你随意乱花、追求奢侈，即使拥有再多也难以阻挡它们迅速流失，而最终你只能成为一个贫穷的人。所以，不要觉得拥有青春，就可以肆意妄为。

还有一种说法，说青春本就是用来挥霍的。那些铺天盖地的青春疼痛小说，讲述着一个又一个惨烈却无比诱人的故事。也许，每个孩子都想要那样任性、洒脱、自由地活一次。做自己喜欢的事，爱自己想爱的人，不用顾忌别人的眼光和非议，也不用给任何人一个交代。可故事毕竟只是代表了人们的想象，如果故事能够当成生活，变成现实，故事也就不再拥有那般令人着迷的魅力了。当然，也不能完全否定另类的生活。我也遇到过流浪、漂泊中的孩子，选择自己想要的，奋力去追。但他们的追逐都不是盲目的，也不是无知的。相反，他们拥有掌控自己的能力，拥有独自生活的资本。他们不过是比同龄的孩子更早地抛开世俗，看清这个世界的真面目。他们珍视自己的青春，并愿意用青春的斗志和旺盛的精力感知世界、锻炼心智、积累资历。

**20** 岁的女人，不要总是以为自己拥有可以无限挥霍的青春。如果说青春是你现阶段最大的优势，那么千万不要太高调，也不要太张扬，这点资本根本就不值得拿出来炫耀。谁不曾拥有过青春，谁不曾拥有过那些美好的年华，可谁也无力阻止青春的流逝。不管你在精彩的青春年代里，有怎样美丽的容颜，怎样灵活的头脑，怎样源源不断的零花钱，都不能改变既定的结果。当岁月的痕迹爬满你的脸，当世俗的烦恼占满你的头脑，当经济压力逐渐增加，你还能用什么来与它们顽强抗争呢？

面对青春，我们需要保持淡定的心态。就像打牌的时候，手中握有再好的牌也要面不改色。不要觉得你手中的王牌是最好的，在整个牌局的不同阶段，好牌的定义是不同的。人生也是如此，在不同的年龄阶段，女人的美丽也是不同的。只有在占有优势时仍然保持淡定的女人，才能在青春岁月中积累足够的资本，为未来的人生之路做好充分的准备。

# 30 岁,让自己绽放成最美的花朵

不要总为逝去的青春哀伤,只要迈出坚定的第一步,一切都会美好起来,30 岁也可以是女人内外兼修的起点。

当"奔三"这个词儿红遍大江南北、大街小巷的时候,人们对于"30 岁"这事的态度,更多的是自嘲。一个人年过三十,的确已经不算年轻了。即使是在这样一个科技发达的时代,我们仍然没有办法留住时光。在这个纷繁复杂的世界游荡了 30 年,经历了很多,学到了很多,得到了很多,也失去了很多。在 30 岁这个坎儿上,需要好好总结,找准自己的位置和方向,把该放弃的果断放弃。

时光对女人来说,是很宝贵的。所以,30 岁的女人已经不能再轻易做错事、走错路、嫁错郎,因为没有了足够的修正机会和时间。30 岁的女人必须学会放弃一些东西,哪怕是自己很喜欢的,也不能再任意索取。30 岁的女人必须学会看淡一些事情,不管是世界的尔虞我诈,还是自己的忙碌生活,都不要有太多抱怨。接受现实,是唯一的途径。但 30 岁,绝不是女人停滞不前的年龄。

如果能够保持一份淡定从容,30 岁的女人可以不动声色地将最流行、最时尚、最有品位的东西,运用得恰到好处。这是一种值得骄傲的能力,它可以将美丽化成自信,使女人们不再为自己的年龄而感到惶恐。

30 岁女人身上的优秀特质,小女孩们永远也学不会。可如果你漠视这种优势,而总是纠缠于代表年龄的数字,并且认为这个数字代表的就是豆腐渣般的生活，那就真的是在把自己往火坑里推。比如有时，我特别不喜欢参加同学聚会。几个女人坐在一起，没完没了地聊老公、聊孩子、聊公婆、聊化妆品，有时候是攀比的心情作祟，有时候是纯粹没有其他话题可说。都是正在排队进入 30 岁年纪的女人，拖家带口，眼里似乎就只有生活中的这些小事，反反复复，一遍又一遍地说给周围的人听。其实，选择了同样生活的其他人，又何尝不是有同样的经历。你说给别人听，别人又反过来说给你听，只不过人物、场景、参与者之类的条件有些变动，主线仍然不变。我从来都不觉得这些事情有什么值得拿出来聊的，所以多数时候都是不参与的。偶尔想要引开话题，想知道她们经历的趣事或有个性的事，简直比登天还难。有人会说，我们都已经 30 岁了，哪还会有那些有意思的事儿。我很想跳出来反驳，30 岁怎么了，难道 30 岁不该是女人绽放妖冶姿态的年龄吗？不错，30 岁的女人的确需要放下一些包袱，但包袱里绝不包括精致的生活和生命中的乐趣。

看看那些过了 30 岁，仍然活得精彩纷呈的女人。

李某，32 岁时，任一家大型船行董事。忠实的航海爱好者，以传播帆船文化为使命。拥有一条出自知名设计师的 26 尺龙骨帆船，梦想与心爱的人一起周游世界。在很多女人被憋闷的办公室所累，被职业病折磨的时候，她已经学会拥抱自然，在航海中锻炼自己的勇气、耐心和坚韧的品质，活得浪漫而洒脱。

妮可·基德曼，年轻时没能成大器，却在 30 岁之后，在婚变中渐渐成熟，找到自己的位置。对于一个注重家庭的女人来说，沉重的打击并没有让她走向衰败。而在娱乐圈这样一个新鲜血液不断涌出的环境，年纪也并没有让她感到惶恐。

凯瑟琳·泽塔琼斯，38 岁时仍然是世界有名的美女。美丽的容颜、聪明的头脑和恰当的机会，使她顺利进入好莱坞。拥有男人无法拒绝的美艳，也拥有逐步攀升的人气和事业的成功。对她来说，年纪似乎已经不再重要。

女人真正的美丽，与年龄无关。不要总为逝去的青春哀伤，只要迈出坚定的第一步，一切都会美好起来，30 岁也可以是女人内外兼修的起点。不过，对于 30 岁的女人来说，装扮自己已经不仅仅是每天坐在化妆镜前的那段时间，更需要一些本质的改变，才能开出娇艳欲滴的花朵。

30 岁的女人，在选择服饰和化妆风格的时候要得体，根据自己的气质确定方向，不要盲目跟风。时尚潮流未必适合你，而奢侈品虽然可以体现品位，但也会被某些人用成地摊货。更不要和那些青春少女比可爱，除非你的外表看起来真的只有二十多岁。只有适合自己的才是最好的，恰当的服饰可以更好地提升你的内涵和风韵。

30 岁的女人，在选择娱乐方式的时候，要自动摒弃夜店、酒吧之类的场所。混合着香烟、酒精和荷尔蒙气息的阴暗角落或动感十足的舞池和镁光灯已经不适合你。如果想要释放压力，不妨去心爱的咖啡厅或书吧小坐，可以拉上几个好友聊聊，也可以默默地看书。心灵的修养可以帮助你从容地面对世间的人和事，成为内敛、成熟的女人。

30 岁的女人，在选择职业发展方向的时候，要放下多余的杂念，不要妄想一夜暴富，也不要一心追求权势，你应该显得更大气、更平和，脚踏实地地做好自己的事，接受命运的给予，看淡失去。如果万一不幸遇到"经济危机"，也要相信自己能够凭借丰富的经验，变被动为主动。在未来的岁月里，要学会与积极和乐观相伴。

30 岁的女人，在选择感情生活的时候要特别谨慎。如果你尚处在"剩女"的行列，也不要着急。剔除那些妄想似的要求，以合理的标准选择未来，然后静待缘分。很多时候，你越是热切期盼，越容易慌不择路。不在意的时候，反而更容易收获惊喜。但千万不要相信那些一眼就能看穿的伎俩，也别和没有诚意的人周旋，太过宝贵的时光已经不能用来浪费。而如果你已经走进了围城，就要力争做个时尚而知性的少妇或辣妈。即使有某位权贵对你青睐有佳，也不能放弃自己的生活。明白自己要的是什么，坚定地走自己的路，才能真正地有所收获。

30 岁，女人可以让自己绽放成最美丽的花朵。不要做无谓的攀比和炫耀，也不要盲目地争强好胜。只需淡定从容地塑造属于自己的美，就可以变得明艳动人。

# 40岁,拥有属于自己的精彩世界

**一个女人若不能老得淡定从容，就不会老得优雅。如果不能老得优雅，就不会老得好看。既然注定没法逃脱老去的命运，不如让自己老得好看一些。**

如果你曾留心身边的中年人，你是否发觉，多数意气风发的中年男人身边，都会有一个困惑、迷茫、空虚、不知所措的中年女人。40 岁，事业有成的男人，是很多女孩追逐的对象。他们几乎拥有女孩们梦想的一切，如果又能玩转时尚潮流，接受新鲜事物，那简直就成了传说中的完美情人。而他们身边的女人呢？青春不再，年老色衰的样子。眼里只有孩子、丈夫和家人，一心为家庭操劳，没有时间关注潮流，略显迟钝的头脑，没有任何宝藏再值得男人去挖掘，剩下的就只有一份责任。所以，女人能够明显感觉到身边男人的变化，却又不知该如何应对。

遇到过一个十分挣扎的女人，喜欢同很多朋友讲述自己的经历：尚处早婚的年龄时便嫁给现在的老公，风风雨雨走过近 20 年，如今老公事业有成，却喜欢上了拈花惹草。而她自己，始终以家庭为重，一心照顾孩子和丈夫，不曾分过半点心思，可到头来却是这样的结果。真心换回背叛，确实是一件令人难以接受的事实。她身在其中，看不清头绪，很多次和老公沟通，都没有实质性的结果。并且，她自己也不愿相信老公的解释，甚至不愿相信对方在外面忙碌的任何借口。每天就只是胡乱猜测，到处寻找宣泄的出口，但仍然无法摆脱内心的失望和不安。

我问她的第一句话是：你认为，你拥有属于自己的世界吗？她茫然地摇头，她说，我结婚以后把所有精力都用来照顾家庭，扶持老公，生育和养育孩子，我怎么会有自己的世界，我又怎么能有自己的世界呢？我说，如果你没有自己的世界，没有自己独立的性格和生活，又怎么会拥有吸引别人的特质呢？如果你没有吸引别人的特质，又怎样让别人喜欢你呢？每个人都因是独立性格的另类个体，才会被喜欢、被爱，别人爱上的并不是一个拥有自己名字的皮囊，而是你丰富多变的内心。她似乎能够明白，默默地点头，略有所悟的样子。

其实，对于女人来说，家庭、相夫教子的生活，并不是失去自己的理由。因为它们都是生活和人生的一部分，并非全部。它们使人生更加完整，使人有全面的生活体验，但不能以牺牲自己的性格和特质作为代价。如果不然，你的存在还有什么意义呢？40 岁的女人应该像一杯醇厚的美酒，像一本内容丰富的书，像一部富有哲理的电影，像一道恬淡的风景，带给人无限陶醉与遐想。

我最喜欢的成熟女人，是张曼玉。一直以来，我都觉得她是成熟女人中的典范，我想，没有人能够忽视她的价值和魅力。在很多人心里，她是时尚、美丽、优雅的代名词。时刻留心自己的形象，想方设法满足大众的期盼，保持青春靓丽，是很多明星都会选择的路。然而，她竟从未拒绝岁月的痕迹。因为她拥有属于自己的生活，生活中的她不过是一个平凡的女人。

"作为生活中的张曼玉，我不想那么美，我不想让人觉得，张曼玉始终是个神，没有感情，没有渴望，没有岁月的痕迹，我想我的脸上肯定有了岁月的痕迹，但是，只要心情保持轻松，岁月真的会迟一点到来。"这是一个懂得生活，热爱生活的女人才能说出来的话。与那些拼命依靠整形、打针来保持容颜的女人不同，她愿意接受岁月留下的印记，并且懂得如何来接受。在她逐渐老去的时候，还有那么多的人喜欢她、模仿她、羡慕她，不是因为她拥有"张曼玉"这个名字，而是每当看到她真诚笑容时的那份感动和欣喜。而那些化着拙劣浓妆，在菜市场高声砍价的女人；那些穿着名牌衣服，发嗲扮纯情的女人；那些不懂艺术、不懂文化、不懂世事，只会购物、烧饭、洗衣服、看孩子的女人，又怎么能摆脱日渐衰老的命运呢？

"其实愈抗拒就愈老得不优雅，愈不优雅就愈不好看，太紧张太着意就不会好看。你看 Audrey Hepburn，她 65 岁时的照片我觉得好美，因为她不紧张不着意。"张曼玉说。一个女人若不能老得淡定从容，就不会老得优雅。如果不能老得优雅，就不会老得好看。既然注定没法逃脱老去的命运，不如让自己老得好看一些。

对于即将接近 40 岁或者已经过了 40 岁的女人来说，必须拿出一些时间来塑造自己的世界，让自己的生活更加丰富多彩，展现出历经多年沧桑和蜕变之后的美。不管年轻的时候，你是否是个美人；不管年轻的时候，你是否心灵手巧；不管年轻的时候，你是否功成名就。40 岁，都是一个摆脱光环，沉积内涵的时期。

有人说，40 岁，是女人最焦灼、最困惑的时期，最敏感、最艰难的时期。事实上，只要摆正心态，明白自己要做的是什么，40 岁对于女人来说根本不算什么。比如，40 岁的女人最好不要再浓妆艳抹，即使你的化妆技术再高超，也还是要保持清新、淡雅的面容。40 岁的女人最好不要再炫耀身材，哪怕你依然苗条、依然凹凸有致，注意保持低调，因为即使你的身材再火辣，也没办法再换回什么。40 岁的女人最好不要再迷恋低俗的综艺节目，也不要再花痴哪个男明星，即使你心态再潮流，也已经不是等爱的公主。40 岁的女人最好不要再那么豪放、那么不拘小节，就算你仍然可以和身边的男人打情骂俏寻开心，也要收敛起那份不羁，因为你已经过了那个爱说爱笑爱打爱闹的年纪，稳重是必须遵从的纪律。40 岁的女人还要学会宽容待人、从容对事，要能达到宠辱不惊、坐怀不乱的境界，才能显出一份高贵的气质。

女人四十，应该拥有属于自己的精彩世界。当雍容华贵、聪慧敏锐、举止优雅、仪态风韵、善解人意……这些词汇加身于一个 40 岁的女人，我们一定不会怀疑"40 岁的女人，才是真正的女人"这句话。真正的女性之美，是要经过岁月的洗礼和熏陶的。只要心无杂念，专心致志地经营自己的世界，40 岁的女人必将会拥有属于自己的光芒。

# 不被年龄所困的女人，才能淡定面对生活

**每个女人都可以是一个多姿多彩的世界，但通向其中的路必定是曲折的。**

女人，就像一朵鲜艳、娇嫩且脆弱的花朵，经不起时间和风雨的摧残。上天似乎是很不公平的，给了男人勇气、力量、气魄和更多的时间与空间，让他们在时光的雕琢中越发显现出光彩，却给了女人一副无法抵御时光的容颜和身体。男人只要有所成就，越老就越有价值。而女人即使同样有所成就，在日渐老去中获

得的也只是一片欷歔感叹之声。所以，身为女人，又怎么能不在意时光的流逝，不看重自己的年龄呢？

然而对于年龄，不同的女人，看法也是不尽相同的。

有的女人认为，年轻就是所有，因而会盲目地让自己看起来年轻，"越小越好"的想法常常让她们迷失自己，变得令人难以理解和接受。当你在公共汽车上，遇到一个三十多岁的女人，用很嗲的声音讲电话的时候；当你在美容院，看到一个年纪较大的女人，被一个十几岁的女孩称作"姐"时露出虚荣微笑的时候；当你在网络里，遇见一个到了已为人母的年纪，仍然将自己叫做"女孩"或"女生"的时候，你会不会觉得这个世界真的是太疯狂了？

很多东西，人们越是想要遮掩，就越无法遮掩。如果你没有出众的气质，就不妨低调地将自己淹没在人海里。如果偏要彰显自己，多数情况下只能扩大自己的劣势。同样地，如果你想保持青春靓丽，就要学会养颜、养生、养心，起码要让自己从外表看来仍然年轻。如果实在做不到，也就只好认命，何必既难为自己，又吓着旁人。

还有的女人认为，只要能够讨男人的喜欢，就是好的。不管是 20 岁、30 岁还是 40 岁，男人喜欢什么年龄、什么装扮、什么样子的女人，自己就变成什么样子。这类女人往往不会一味地追求年轻漂亮，只按男人的喜好来装扮自己。这类女人无疑需要更好的眼光和技术。既要学会扮清纯、扮可爱，也要学会成熟、端庄、优雅的风韵。只可惜，做真正的百变女王实在不是件简单的事。

如果说真的有一种女人可以讨得多数男人的喜欢，那么这种女人首先必然拥有丰富的内涵。男人对女人的好奇心并不只是停留在衣服裹着的那部分身体，更多的是精神层面的探索。一个能够长久地吸引男人的女人，一定是拥有多彩的精神世界的。她的世界神秘、独具吸引力，但并不容易进入。可一旦成功进入，便会带给男人另一个世界，让他得到在其他任何地方都无法得到的内容。随着交往的不断加深，男人会越发想要停留在她的世界里。著名的意大利导演、"魔法大师"费里尼的夫人茱莉埃妲·玛茜娜就是这样的一个女人，一个拥有着纯真眼神和忧郁笑容的女人。看过《大路》或者《卡比利亚之夜》的人应该会对里面的女主角印象深刻。费里尼曾经说，玛茜娜为他打开了另一个世界的大门，她一直都是他灵感的来源。而在银幕上，她也曾是很多男人梦想中的女人吧。只是，这样的女人就如稀世珍宝，虽然是众多女人学习的榜样，却也是学不来的。

每个女人都可以是一个多姿多彩的世界，但通向其中的路必定是曲折的。得体的言行举止、丰富的内涵、博学多才的头脑、开阔的眼界、宽广的心胸，每一件都很难做到。但只要保持平和的心态，努力去学好人生中的每一课，做好人生中的每一件重要的事，真心对待人生中遇到的每一个值得去爱的人，就可以拥有属于自己的生活和世界。完全不必在意自己的年龄，千万不要为你的青春不再而耿耿于怀。要知道，越是想要被掩藏的事，就越容易暴露在人前。人们时常嘲笑那个"此地无银三百两"的家伙，却很少有人意识到，自己或许也正在犯下同样的错误。一道皱纹也许并不算显眼，但如果你总是用手去碰触，试图抚平它，那么很多人都会通过你的动作而留意到那道皱纹。而掩饰它最好的方式，也许就是将它埋藏在你从容、优雅的微笑中。

真正有内涵的女人是不会太过在意自己的年龄的。即使偶尔开开玩笑，自嘲几句，之后也会淡然处之。因为她真正懂得，并且能够感受到，女人的美丽与年龄并没有太大的关系。不同年龄段的女人有着各自的美，而只要是美的，都值得人们去欣赏和尊重。所以，淡然面对年龄的女人，才是真正懂得如何让自己"保鲜"的女人。

# 第 3 章

## "淡"在名利之外：
## 物质的争取不如心灵的升华

　　在女人的名利场上，每走一步都要小心翼翼。如果你不想参与其中的争斗，就千万要保持适当的距离。深陷名利场的女人们演绎着世间最虚幻的华美，但心里的痛苦恐怕只有自己清楚。真正聪明的女人是懂得淡泊名利的。剥下哗众取宠的外衣，看淡虚假的光环，自由自在地徜徉在这个世间，何乐而不为？

# 行走在追名逐利的路途上,冷暖自知

　　**名利就像沙漠中的海市蜃楼。追逐名利的路,其实是一条不归路。**

　　这个世界,有无数人行走在追逐名利的路上。

　　小时候,我们告诉周围的人,自己长大以后要成为像某某人那样的人。某某人包括:科学家、艺术家、作家、音乐家,等等,都是能够流芳百世的名人。长辈们很喜欢这样的孩子,觉得这样的孩子有目标、有志向、有前途。而对于孩子们来说,他们选择这些人是因为什么呢?其中一个很重要的原因,应该就是这些人都是名人吧。做了名人,就会受到很多人的崇拜,还可以衣食无忧。有谁不愿意做名人呢?可那时候,孩子们并不清楚该怎样做名人。他们只是像长辈们期盼的那样,按部就班地完成学业,或者努力发展自己的某个被强加的特长。多数人在岁月的流逝里忘记了自己最初的梦想,还有的人不惜代价想要跻身某个行业或者圈子,最终落得遍体鳞伤。

　　有人说,名利就像沙漠中的海市蜃楼。追逐名利的路,其实是一条不归路。前方永远都有更美丽的风景,而人的欲望也是永无止境的。被前方的美好结局吸引着,日以继夜地向前奔波,不知不觉走出了很远,却一无所获。而看似柔弱的女人,在这条路上所表现出的坚韧不拔的精神,实在令人叹为观止。

　　现今,是个万民皆可成名的时代。各类选秀活动铺天盖地,它们举着打造明星的招牌，让很多女孩子看到了成名的捷径。明星，是个多么具有诱惑力的职业。万众瞩目，万人崇拜，还有机会走向国际化。虽然，需要一点点实力和运气，但这似乎比买彩票的中奖率要高一些。于是，那些造星节目和造星公司，从来都不缺前仆后继的支持者。

参加这些活动的女孩们离不开前期的自我塑造。对自己的相貌不满意的，可以偷偷去整容；对自己的身材不满意的，可以去减肥或塑身；对自己的歌声不满意的，可以参加各类声乐培训。此外，还可以多多模仿自己喜欢的明星，学一学港式普通话和人家的大牌明星范儿。别以为这些工作很简单，其中的辛苦只有当事人自己明白。可为了成名，为了赚钱，这点代价又算得了什么。接下来的竞争，才叫残酷。

报名之后，一级一级的选拔就像鬼门关。不管是否真的自信，都必须表现出特别自信的样子，不断暗示自己一定会比别人强。不然，面对许许多多和自己近乎是一个模子刻出来的青春少女，真的会有种要崩溃的感觉。看着周围那一张张陌生的脸，会引发无限联想。这个女孩看上去是不是比我漂亮？那个女孩看上去是不是比我有气质？这些人里面会不会有人走关系？当这些莫名的想法铺天盖地袭来的时候，必须很好地将它们压制。在战场上，分心可是大忌。

几轮比赛过后，有的女孩中途被淘汰，有的可以继续她的梦想。当然，被淘汰的人还是会占大多数。最终，会有几个人成功脱颖而出，成为千万女孩心目中的偶像和幸运星。然而，这些幸运星们还要继续面对娱乐圈的尔虞我诈，还要拖着疲惫的身心强颜欢笑。光鲜的外表背后，究竟有着怎样的辛酸，只有她们自己能体会到。总有一天，她们会厌倦这样的争斗，或者失去继续竞争的资本。待到那时，再回头看看自己所走过的路，有多少女人是无怨无悔的呢？

一条看似前途灿烂的名利之路，走起来却是荆棘遍地的。一位与我相伴多年的朋友，拥有非常深刻的体会。

12 岁前，她很喜欢文艺，唱歌、跳舞、绘画方面的才能都是同龄人中的佼佼者，父母望子成龙，便花费重金送她去艺术学校。然而，她只在艺术学校学习了两年，就因为特长不够突出，看不到未来的希望，而选择了退出。回到普通学校的她告诉我，当她与众多拥有艺术特长的同龄人在一起时，才发现自己的所谓特长是那么不值一提。也许她与普通人相比，会显得突出，但在专业领域，只能算是成绩平平。

12 岁时，她已经比同龄人显得成熟，身体素质也很好，从而显现出体育方面的优势。在学校运动会上，她的短跑成绩相当出色。因此，她的父母又萌生了让她练习体育的念头。将她送去体校，练习田径。后来又因为她的个子比较高，被选拔进市青年篮球队。尽管她一直都练得很辛苦，也很敬业，但还是没能成为省队中的一员。其中，有她自己的主观原因，当然也有一些客观原因。18 岁之后，她彻底打消了成为专业运动员的想法，也放弃了进入国家队的梦想。从那以后，她过上了普通人的生活，安静、简单、悠然自得。

她说，她的父母很失望，因为她没能像他们想象的那样成为名人。我说，成名有什么好？她笑着说，现在我觉得，成名没什么好。一路走来，见过很多不惜代价想要成名的同龄人，他们被名利吸引着，有很足的动力，有坚韧的意志，但总有一天，他们会发现自己为名利付出的那些代价，未必都是值得的。很多时候，不如淡然一些更好。

近年来，有一个很流行的词儿，叫做"冷暖自知"。出自宋·岳柯《桯史·记龙眼海会图》："至于有法无法，有相无相，如鱼饮水，冷暖自知。"它被很多人用在文章里，表达一种无人能理解的寂寥心情。就像名利背后的那些见不得光的杂七杂八，幸或不幸，只有追逐名利的人自己才能深切体会。很多时候，人们仰望名人，羡慕名人头顶的光环和他们赢得的金钱所带来的奢华生活，却没有人能够真正明白名人所背负的沉重压力和那种身心疲惫的感觉。在追名逐利的道路上，他们很多时候不得不牺牲不愿示人的隐私，来换取虚名。或者强行被窥探生活中的另一面，成为别人的生财之道。身为所谓的名人，他们有责任向公众展示美好的一面，有责任成为慈善的先驱，有责任满足粉丝的要求，却没有能力很好地保护自己。还有的名人为了保持自己的形象，居然连结婚这样实现终身幸福的事情都要常年隐瞒，这不能不说是一种悲哀。

不管你是不是名人，只要踏上这条追逐名利的路，便只能冷暖自知。没有人会真的理解你的付出和内心的感受，也没有人会真的关心你是否走得顺畅。人们只会看到结果，成功或者失败，会带来不同的结局。但表象背后的真实，只能留给自己默默承受。

# 女人的名利场，上演着没有硝烟的战争

在这个浮华背后的隐匿战场，真正聪明的女人懂得如何让自己轻松、自在地躲避锋芒，还自己一个悠然自得的空间。

在这个世界上，拥有名利的人总是少数。俗话说，物以稀为贵。而想要得到贵重的东西，就难免会有竞争。

在人类发展的历史上，竞争有很多种。有明争，也有暗斗；有文明之争，也有残酷之争。而在名利场上，亦是如此。因为名利能够满足人们的虚荣心和支配欲，于是便成为很多人一生最大的追求目标。为此，他们不惜出卖朋友，伤害别人，倾尽自己之所能，向目标迈进。所以，要说名利场如同战场，是一点儿也不过分的。只不过，名利场中的战争披着华丽、高贵的外衣，没有硝烟，却也是残酷之极。

近几年，以后宫争斗为题材的小说和电视剧极为受欢迎。古代的皇宫禁地、深宫大院，一直都是现代人梦想的对象。因为它太过华丽，又太过复杂，象征着权力的最高境界，任谁都想亲身体会一下其中的奥妙。所以，人们喜欢徜徉在故事里，将自己想象成某个主角，运用自己的聪明才智，将周围的对手一一击败，最终获得想要的成功，就好像玩游戏玩到通关时的那种痛快的感觉。然而，不管是人为编造的宫廷争斗，还是历史上切实发生的诸多后宫争斗，都离不开其残酷的一面。女人们之间的争宠，互相排挤，钩心斗角，甚至利用陷阱相互残害，一幕幕令人窒息的战争不断地上演。置身事外的旁观者都会觉得心惊胆战，更何况是置身其中的女人们。

那个时代，凡是能进宫的女人，除了相貌、体型、出身等方面的优势之外，聪明伶俐的头脑也是不可或缺的。想要在竞争中生存，想要争得一个比别人高的身份，就得靠头脑。聪明、冷静、果断、狠心，一样也不能少。可就算具备了这些，也未必一定能赢，还得看运气，看局势，看自己的判断是否准确。所以，很多女人死活不肯进宫，就是不想加入这场名利之争，就算不至于败在别人手里，也不想让自己活得太累。

几千年来，女人之间的名利之争从未间断。人们常说，三个女人一台戏。凡是女人多的环境，就有虚荣、有忌妒、有攀比、有羡慕、有争夺，每个女孩都想做公主，每个成熟女人都想做皇后。为此，女人们乐此不疲地修饰自己、展示自己，进而踩着别人的脑袋往上爬。互相排挤、互相轻视、互相攻击，是这场战争中最激烈的部分。相信很多人都对此深有感触，能够左右名利之争结果的部分，实际上就是互相踩踏的过程。比如，两个相貌都很漂亮的女孩，谁能证明自己更聪明，或者性格更温柔，谁就有可能获胜。这两人如果都有争强好胜的心，就一定会想方设法找出对方的不足，并添油加醋地揭露。最终，谁能够聪明地将对手比下去，谁就赢了。大到一个圈子里的争斗，小到一个单位、一个办公室里的争斗，都几乎以同样的模式上演着。

我的一位名叫芳芳的朋友就是通过暗地里提升自己的方式，超越自己的竞争对手，实现了名利双收的结局。她所在的公司拥有员工 200 多人，一半以上都是女人，工作中难免涉及一些尔虞我诈的纠葛，特别是女人之间，各种明争暗斗上演得轰轰烈烈。而芳芳不管是相貌还是个人能力都比较出众，也就很自然地成为一些女人的眼中钉。起初，芳芳以为做好自己的工作就可以，无须与其他人计较太多。但她的这种态度，并没有让自己面临的麻烦事有所减少。后来，她渐渐改变了策略。一些不可避免的争斗，她总是小心应对，通过专业能力的提升击败对方。比如，在策划方案的讨论会上，有人故意挑刺，着意扩大她的方案中的漏洞和缺点。她事先做好了充分的准备，用犀利的语言和专业的角度证明自己的方案是最优秀的，使得对手不得不甘拜下风。

仅用了两年的时间，芳芳就成为业内有名的女人，工作业绩也尤为突出。几年来，芳芳帮助公司实现了上亿元的利润，自己的价值也得到了同行的认可。可随之而来的，是更多的压力和争斗。没过多久，芳芳突然辞职了。她说她已经不想再为名利所累，想拥有更自由的生活。"我已经证明了自己的能力，这就够了。"她一点也不感到惋惜，"虽然名利可以带来可观的收益，但我已经不想再耗费心力。名利之争是没有硝烟的战争，永远都不会结束。只有自己主动退出，才能解脱。如果一味地争下去，即使暂时可以得到更多，也终究有一天会被打败。不如急流勇退，还自己一份清静。"

虽说名利之战不可避免，但如何面对却是可以自由选择的。是一味地争强好胜，被自己不断扩大的欲望驱使，一心追求名利的制高点；还是看淡名利之争，节制自己的欲望，游刃有余地保护自己，得到该得到的，放弃不该得到的。在这个浮华背后的隐匿战场，真正聪明的女人懂得如何让自己轻松、自在地躲避锋芒，还自己一个悠然自得的空间。

# 被名利之欲驱使着的女人们

**也许，当名利摆在面前，没有人能够漠视。但至少，可以掌控自己的内心，不做名利的奴隶。**

人，生来就是带着无尽的欲望的。没有人能够做到无欲无求，因为生存本身就是一种欲求。为了生存，人们需要满足自己的生活底线。衣、食、住、行，以及精神层面，都需要有足够的保障。然而，欲望又是无止境的。有句冠冕堂皇的话：人往高处走。就像《渔夫和金鱼》的故事里讲到的，一个愿望实现了，就还想要实现更高级的愿望。愿望不断升级，欲望不断膨胀。没有物质的时候，想要物质；有了物质，想要更好的、更奢华的物质；而有了更高级的物质，却又想要精神。想要被喜欢，被欣赏，被尊重，甚至被膜拜。人的欲望是可怕的，它就像一个无底洞，永远也不会被填满。

与男人们的野心相比，女人们的欲望或许显得并不那么张扬。但由于女人的心思细腻敏感又多情，很容易陷入某种执念难以自拔。所以，女人一旦迷恋上某件东西或者某件事，就有一种为达目的不择手段的境界。俗语说，最毒妇人心，说的就是女人的那股执著和果断的狠劲。而女人偏偏又很容易迷恋上别人拥有的东西，从小，女孩子就会羡慕别人的玩具、零食、新衣服；渐渐长大时，开始羡慕别人的首饰、化妆品、手机、品牌时装；成年时，羡慕别人的职业、房子、车子、男人。可以说，女人的一生都在和周围的人攀比。只不过，有的女人虽然羡慕，但并不急于或者不屑于得到。有的女人只要看到别人拥有而自己没有的东西，就想得到。

童年时代，很多女孩都曾做过明星梦。羡慕女明星娇媚的容貌，华丽的服饰，和众星捧月般的待遇。会收集她们的照片，模仿她们的动作，模仿她们讲话的方式。其实，不过是一种自娱自乐的方式。随着年纪的增长，女孩们渐渐明白，名利能够带来什么。其中的一部分人，只看到名利华美的一面，便无法抑制内心的欲望。轻易被欲望俘获的女人，迷失在繁华都市的灯红酒绿中。梦想成名，梦想跻身上流社会，并为此拼命地改变自己。当确信自己已经具备了竞争的资本，有的女孩选择加入众多造星工厂领衔的队伍，有的通过派对、晚宴、酒会等活动进入富豪圈，还有的在各自的行业内通过各种手段谋求升职或自己创业，不管选择哪条路，都难免会有一段辛酸，几滴血泪。

我曾经偶遇一个想要成为作家的女孩。我问她，你为什么要选择写作这条路。她说，我要成名，要赚很多很多钱。我说，假如并不是真心喜欢写作，并愿意为此付出所有，是没有办法获得成果的。她有点不屑地说，自己也很喜欢写作，只是想有所成就罢了。我问，那如果没有呢？她说，我擅长写作，所以才选择了这条可以功成名就的路，别人能行，我当然也能行。我继续说，你只是愿意为名利付出所有，而不是写作。她考虑了一会儿，轻轻点了点头，说，你说的也有道理。后来，据我所知，她为此付出了很多的努力，也实在是吃了些苦头，但因为太过注重名利，而获得的成果又不如意，整个人陷入一种心理不平衡的状态。听同行们说，其实这女孩还是有点天分的，只是成名的愿望太迫切，给人一种利欲熏心的感觉，没有人愿意提携她，没有人愿意指导她，也没有人愿意与她交流。对她来说，这的确成了一条自我毁灭的路。

当然，也有的女人成功了，完成了麻雀变凤凰的梦想，成为名利场中的赢家。可接下来呢？她们仍然要费尽心思和周折，想办法保住自己的位置。打拼名利场的过程固然充满艰难困苦，可维持自己的地位，也不是件容易的事儿。既然有了"名"，就要忍受公众挑剔的目光，同类的羡慕、嫉恨，还要讨好那些扶持她们的人。没有人愿意仅仅在名位上走一遭，欲望不会止息，人就要继续向前。能继续去追求更大、更高、更广的"名"，便要继续去追。如果没办法继续，就要想办法利用现有的身份赚更多的钱。而这其中，又将经历多少曲折和坎坷。想要从人群中脱颖而出，就要处处比别人优秀，实在做不到，也要有能够将别人拉下马的阴损招数。可伤害别人的时候，是否也会想到，终究有一天，自己也会被别人所伤。战场上，没有常胜将军，名利场中也没有。如果有一天败了，就将一落千丈，沦为被羞辱和耻笑的对象。如此压力，岂是一般的女人可以承受的？

无论获得了什么，都要付出相应的代价。只是，有的代价可以预见或者看到，有的代价是无形的，淹没在时间的洪流里。也许，当名利摆在面前，没有人能够漠视。但至少，可以掌控自己的内心，不做名利的奴隶。即使名利能够带来短暂的欢愉和内心的满足，也无法摆脱被其奴役的命运。被名利之欲驱使着的女人们，既是别人的工具，也是自己的工具。曾有很多站在名利场制高点的女人，选择了急流勇退。这未尝不是一种解脱自己的方式，可真正能够有资本做出如此选择的人只是凤毛麟角。更多的人成为别人的垫脚石，或者在岁月的流逝里渐渐失去竞争力，苟延残喘至年迈。

究竟是简简单单平凡一世，还是竭尽所能喧嚣一时，是值得女人们潜心思考的重要问题。

# 看穿名利的真相，摒弃虚假的浮华

对于那些即将选择追逐名利，或者已经走在这条路上的女人来说，看穿名利的真相，才能走出名利的幻影。

"名利"究竟是什么，没有人能说得清。可当"名利"的浮华摆在人们面前的时候，没有人会完全不心动。也许，这就是它的魅力所在——唤起了人们内心深处最原始的欲望，驱使着人们不断地追寻，不断地相互伤害。当你真的以为自己胜利了，已经得到它的时候，才发现它可以是生命中的一个过客，来去匆匆、不留痕迹；也可以是生命中的一抹烟花，绽放短暂的绚烂，而后灰飞烟灭；还可以是主宰生命轨迹的女巫，既会带来欣喜，也会带来遍体鳞伤的结局，全看她是否高兴。

很多人在追逐名利的路途中充满信心，以为可以很好地掌控自己的命运。即使遇到各种阻碍，各种刁难，各种歧视，也会认为只要自己成功了，就可以给那些曾经伤害过自己的人以沉重的打击。这样的想法，使得很多人承受了常人难以忍受的痛苦。因为喧嚣的名利场给了他们一种错误的信息：不管是正面的，还是负面的，只要能成名就是好的。

这个时代自从有了网络，就生出了越来越多的"一夜成名"之法。鉴于网络的传播速度和特质，负面的东西、另类的东西会传播得特别快。用网络中的语言来说，只要够"雷人"、够香艳、够另类，就能在专业推手们的精心策划下一鸣惊人。而且，越是有争议的事件和做法，就越能够迅速成名，这似乎已经成了"成名"的捷径。换句话说，只要想成名的人愿意丑化自己，愿意爆料，愿意做常人不愿做的事情，就有机会跻身名人之列。可他们当然也会意识到，名人也分三六九等，有因美的一面成名的，也有因负面成名的。既然是负面的，当然是不受人尊重和敬仰的，只能成为大众茶余饭后的消遣。然而就算是这类负面的"名"，竟也有人愿意接受。说到底，不过是为了"利"，或者更直接地说，是为了金钱。等赚到了一些钱，再开始想办法转型，改变自己在公众面前的形象。如果能够成功，也许就此可以摆脱过去的阴影，走向光辉灿烂的明天。如果转型失败，可以就此销声匿迹，用赚到的钱过普通人的生活。

但事实是，多数人即使抱着这样的愿望，都没办法实现。因为不管是善名还是恶名，名人终归只是极少数。多数人不具备成名的机会、资本、特质或者心理，只能望"名"兴叹。假若偏要勉强自己去追名逐利，结果可能会落到一无所得的境地。

再来看看那些已经成功的所谓"名人"，特别是那些拥有珍贵年华的女人们。青春易逝，年华易老，女人们的确要尽可能早点成名。之后，要想方设法在名利场保持自己的身份。起初，她们可能还会有段享受生活的日子。事业平稳，名利双收，可以好好享受多年辛苦换来的成果。可随后，生活便不会这样轻松了。随着年纪的增长，面对那些比自己更年轻、更努力的女孩，有多少名女人会眼睁睁看着自己渐渐老去，将头顶的光环拱手让给别人？除了少数心态平和、功成名就的女人之外，多数女人选择尽可能留住青春。当年轻时因烟酒、娱乐、应酬留下的后遗症逐渐显现的时候，女人们只好依靠人工手段重塑自己的外形。明知只是一时之计，也只能咬牙坚持。边美化自己，还得边寻找心仪的男人。如果能找个让自己后半生衣食无忧的男人，就赶紧宣布要做贤妻良母，从此淡出江湖。如果找不到，就只能强撑。如此的辛苦，又是为了什么？

曾有不少名女人在谈及生活的时候，流露出对普通女人生活的渴望。没有狗仔队、没有虚假的应酬、没有公众的评论，那才是她们眼里向往已久的自由。没有人愿意将自己的私生活公诸于众，可名人必须忍受大众的目光。有时候，还要故意暴露自己的生活状态，以换取大众的眼球，提升自己的关注度。她们原以为，成名后获得的金钱可以让自己过上更好的生活，却不曾想，正是这些金钱让自己放弃了自由，甚至自尊。

我想，对于那些立志追逐名利的女人们来说，不管她们是否成功，都会在历经沧桑之后，看清名利表面的浮华和虚幻。难的，却是果断放下。舍不得自己曾经付出的代价，舍不得已经到手的功名利禄。这本是人之常情。走出虚伪的名利场，是需要莫大的勇气的，可一旦走出来，会觉得心旷神怡。而对于那些即将选择追逐名利，或者已经走在这条路上的女人来说，看穿名利的真相，才能走出名利的幻影。

在名利面前尽可能地保持淡定，才能做出正确的选择。就像一个陌生的骗子放在你手中的金子，只有气定神闲，才能正确地做出判断。被金子冲昏头脑的人注定要上当，被"名利"遮住双眼的人，也注定要走上一条华而不实的喧嚣之路。

# 淡泊名利的女人是幸福的

淡泊名利的女人，更容易实实在在地对待生活，豁达、开阔地看待世间的辛酸和坎坷。

面对纷繁复杂的世界，女人究竟该迈入追名逐利的洪流，还是应该淡泊名利，保持一颗平常心呢？我想，多数女人都愿意选择后者，却无法停止向前的脚步。有人说，淡泊名利并不是一种美德，而是因为没有上进心。其实，拥有这种想法的人，是没能很到位地理解淡泊名利的真正意义。

淡泊，是淡然的心境，是超脱世俗的态度。而并不是碌碌无为、不求上进的无奈，也不是孤芳自赏的高傲。所以，淡泊名利的女人，更容易实实在在地对待生活，豁达、开阔地看待世间的辛酸和坎坷。如此女人，简单、平凡、精致，流露着温暖和恬静，怎能不让人喜爱。特别是那些既淡泊名利又优秀的女人，堪称女人中的精品。这类女人清楚地知道自己想要的是什么，不会被时尚所迷惑，也不会被时代的洪流所淹没，她们可以创造自己的个性生活，按照自己既定的步骤前行，找到属于自己的幸福。

香港地区知名才女李碧华是我印象中的精美女人。身为作家，她获得了无数成就，出版了很多知名作品，但她却从未以名人自居。多年来，她始终行踪神秘，坚持不公开露面，不暴露自己的相貌、年龄、身世等私人信息。这并不是故作神秘，而是她根本就不想接受外界的关注和赞誉。她说："不要老是记挂着自己的影响力，不去想有多少人正在看你写的文字，不至于动不动就把自己当成苦海明灯，方才真可以潇潇洒洒地写。"写作对于她来说，首先是为了自娱，不为名利。因为在她看来，如果不喜欢写，只为名利，到头来会是很伤心的。

在盛名之下，能够保持如此清雅、淡然的女人，实在是不多见的。且不说那些为名利奔波的女人，即使平日并不看重名利的女人，一旦拥有了名利，也会很容易改变对名利的态度。当那些世人的关注、赞美、敬仰加诸于身，想要做到宠辱不惊的确是难上加难的事情。唯有修身养性，看清名利的浮华与虚幻，明了名利带来的荣誉和地位都是暂时的，才能真正从名利的包围和诱惑中解脱出来。

《红楼梦》的开篇偈语写道："人人都说神仙好，唯有功名忘不了。"可见，人们在面对名利的时候是多么矛盾。一方面羡慕神仙般无忧无虑、自由自在的生活，另一方面又无法舍弃世间的功名利禄。古时，名利场是男人的天下。而今，女人们也盼望能在名利场中一决高下。于是，反反复复的算计，没完没了的焦躁和烦闷，每迈出一步都要经过反复的深思熟虑，生怕将已经得到的东西拱手让人。然而，如此紧张、患得患失地生活着，又怎么会品尝到快乐和幸福呢？当你埋怨生活太累、世界太复杂的时候，是否想过，究竟是生活亏欠了你，还是你不懂得驾驭生活？

能够淡泊名利的女人是幸福的。因为不必为那些得不到的东西而焦虑，也不必担心手中握着的东西会随时失去。积极争取，然后抱着乐观、平静的态度看待结果，得到是运、是福，得不到也不失落，以超然的态度面对自己的人生之路，才能欣赏到更多美丽的风景。

# 第 4 章

# "淡"在诱惑之外：
## 人生是一场最寂寞的坚守

诱惑，在世间广泛存在。它在每个人的身边，伺机而动。没有人能够摆脱它，也没有人能够消灭它。轻易就能够被诱惑的女人，内心是脆弱的，终会在诱惑中迷失自己。唯有能够淡然面对诱惑的女人，才是珍贵的。

# 最甜美的诱惑，最温柔的陷阱

**女人们常说，我再也不会被骗了。然而事实是，不管多少次，只要对了胃口，还是会乖乖地奔诱惑而去。**

童话故事里说，有一个邪恶的女巫，用蛋糕和巧克力造了一幢华丽的房子，用它吸引路过的孩子们。她将抓到的孩子圈养起来，等他们长胖之后再当做食物吃掉。虽然，故事中的主角在与女巫的斗争中赢得了胜利，但最初他们并未能抵御那幢房子的诱惑。如果不走进那幢房子，如果不贪恋美味的食物，就不会掉进陷阱，让自己面临死亡的灾难。可那一瞬间，几乎没有人能平心静气地离开。所谓如果，也许只会发生在极少数不喜欢甜食的孩子身上。

这则故事在我的记忆中搁置了很多年，因为我太喜爱那幢既漂亮又美味的小屋了。假如真的可以遇见，我会毫不犹豫地扑过去，即使明知道会有危险。我还曾嘲笑故事里的孩子，觉得他们很笨，为什么要一直吃个不停，直到被女巫抓住呢？如果吃几口就逃开，便不会发生后来的恐怖事件。后来，经历渐渐增多，才明白当初的想法有多么幼稚。一旦品尝到了食物的美味，就不会轻易离开。面对诱惑的人，就是这样无法自拔。不只是孩子，成年人亦是如此。所以，靠近诱惑又想全身而退，是一种根本就不存在的选择。要么就心甘情愿地掉进陷阱，要么就远离那份诱惑或者在诱惑面前保持淡然。然而，多数人都情不自禁地选择了前者，一个不小心，就一失足成千古恨了。

每个人都会在成长过程中遇到种种诱惑。小孩子是很好引诱的，给他喜爱的糖果，他便会很听话。学生时代，被长辈和父母引诱，会用拼命学习的姿态换取一点点好处，一顿饭或者一笔零花钱。成年之后，被这个花花世界诱惑，各种名牌、美食、奢侈品，各种娱乐、休闲、品位，各种关系、名声、面子，各种爱情。我们总是感叹这个世界越来越复杂，人心越来越丑陋，而诱惑却越来越美丽。所以，我们时常掉进一个又一个美丽的陷阱。

女人是感性的，偶尔会有些盲目。一方面，自己认定的事情，轻易不会改变；另一方面，又特别在意别人的看法，会轻易跟着别人的评价走。所以，女人面对的诱惑也就格外多。来自生活中的，来自别人身上的，来自感情中的，无一例外地都能圈住女人的那颗蠢蠢欲动的心。

商业里流行一句话，说"女人的钱是最好赚的"。因为女人们对那些可爱的、漂亮的、奢华的、与众不同的东西，有着与生俱来的迷恋。即使是再另类的女人，都有自己的偏好。而这些偏好，必定会与衣服、饰品、化妆品、装饰品等生活用品相关。只不过，喜欢的风格不同。所以，不管你想要向某个女人推销什么，总有一种风格和物品会诱惑到她。并且，她一旦真的喜欢上，会不惜倾尽手中的积蓄。女人们常常为了收集很多自己喜欢的东西，而变成月光族。尽管也会在月末的时候狠命地埋怨自己，可看到心仪的东西，就又忍不住想要带回家。这些来自自身喜好的诱惑，几乎没有女人是可以完全抵御的。

遇到过许多有收集癖的女人，收集袜子、项链、胸针、戒指、明信片、笔记本、指甲油、手机链，等等，五花八门。虽然看起来它们都是些零碎的小东西，但如果沉浸其中，也会耗费掉大量的金钱。比如，我曾狠心花费了将近三百块，买来一条据说是英国的古董长链。朋友说，好看是好看，但就是看不出哪里值这么贵的价钱，又不是贵重金属，不过是普通的合金。如果你能在想买的时候，多想想这件东西的劣势，也许就不想买了。我觉得她的话挺有道理的，于是后来每次想买一件东西的时候，都劝自己"看看再说"，很多次，都是因为搁置了几天，就放弃了购买的念头。当然，这需要比较好的定力，需要有那种暂缓的心态。有的女人性子急，见到喜欢的就一定要买回家，不买心里就不舒服，晚上睡觉都不能安稳。这类女人通常很喜欢买到东西的那种成就感，与男人的征服欲有点儿相似。女人都不能容忍自己没有足够的能力购买心仪的东西，而商人们刚好充分利用了这一点，让女人们开开心心地掉进诱惑的陷阱。

还有一种诱惑，是来自周围人的。这源于女人们的攀比心理。总有些女人的眼睛，是喜欢盯着旁人的。同事、朋友、亲戚，甚至是陌生人。只要是在她周围5米内出现的女人，她都会不自觉地将自己和别人比一番。发型、衣服、鞋子、包包、饰品、手机，等等，只要是看得见、摸得着的，她都不会放过。想要诱惑这样的女人，几乎是不用费力的。你只要告诉她，某某服装是国际大牌，某某饰品能够彰显独特的品位，也就是说，只要拥有了它就能显示出自己高人一等，她一定会想要拥有。这也就是为何很多国际名牌都力推品牌文化、品牌内涵，这些无形的东西难以估量价值，一旦被公众认可，就可以成为成本最低的资源。当然，大牌有大牌的设计和做工，但其真正的价值显然远低于高昂的价格。不过对很多女人们来说，这些并不重要。身上的名牌是穿给别人看的，只要它出自正品专卖店，印着正品的标志，就是她们真正想要的。就算是一件几十元的替代品用着同样舒服，她们也宁可花费上万元换一只正品，并且丝毫不会手软。只要旁人能够说一句，这是某某品牌的正品吧，同时露出羡慕加忌妒的眼神，所有的付出都是值得的。对于那些依靠攀比获得满足感的女人们来说，诱惑的陷阱就像一张温软的床，即使掉进去也在所不惜。

如果说，物质的诱惑让女人们损失的只有金钱，那么精神上的诱惑，既伤财、伤身，又伤心。比如名利、爱情。被名利诱惑的人，想尽办法追求所谓的出人头地。可名人也是人，为了虚名放弃了那么多，真的值得吗？有多少人在回过头去的时候，不曾后悔当初的年少轻狂。那些放弃的永远也不会再回来，而换得的，不过是手中紧握着的金光灿灿的沙子，终将随风而逝。当年华易逝、青春不再，会觉得，简简单单、平平静静的生活未必就是碌碌无为的，也可以比别人站得更高，看得更远。那些隐匿在民间的高人，不正是站在巨人的肩膀上，却拥有惬意生活的人吗？他们不是不能成名，而是不愿成名。偶尔也会有人被挖掘，大肆宣传，但这些突然成名的人常常都会在世人的夸赞声中、在忙于应付各种宣传的繁杂事务中，丢掉原本高超的技艺。在名利的诱惑里，没有人能全身而退。

　　而最致命的诱惑，显然是来自爱情的。感情的伤是刻骨铭心的。假如曾经真的彼此爱过，还算有过一段难忘的记忆。假如是因为禁不起诱惑，掉进了男人设下的陷阱，就会很容易让自己伤得彻彻底底。自古，男人诱惑女人的方法就有很多种。因而世间有许多伤情的女子，被男人诱惑，又像旧衣服般被丢弃。几千年来，时代不停地变迁，但男女之间的情感依旧是那般复杂。尽管很多女人都反复告诫自己不要轻易相信男人的所谓感情，可多数情况下，男人都能成功俘获自己想要的女人。用物质、用精神，或者物质和精神兼而用之，很多女人没有办法拒绝男人的各种赠与，不管是礼物，还是爱情。起初，男人们会再三强调，他们之所以这样做，是因为女人身上的某种特质，是不求回报的付出。但女人倘若真的相信，就只能面临任人宰割的命运。爱情是人生中最甜蜜的诱惑，女人的爱柔情似水，可以包容一切，不惜一再地放低自己，只为迎合那个心仪的人。可越是卑微，就越容易被伤害。直到遍体鳞伤，才决心跳出来。已经分不清到底是被那个人诱惑，还是被爱情诱惑。每个女人都有自己的故事，每段故事都布满伤痕，直到某天不再会被诱惑。

　　最甜美的诱惑，是最温柔的陷阱。让人在上钩之后，还能享受一份快乐和幸福。女人们常说，我再也不会被骗了。然而事实是，不管多少次，只要对了胃口，还是会乖乖地奔诱惑而去。

# 不要试图给自己的沦落找借口

当一份诱惑摆在面前，你可以有一百个理由去接受它，也可以有一百个理由拒绝它，就看你是否能掌控自己。

从来都不喜欢那些已经伤得遍体鳞伤，还在为自己的失误找借口的人，尤其是那种明知山有虎偏向虎山行的类型。陷阱是自己自愿掉进去的，还有什么好说的呢？一味地寻找借口，无非就是想要证明自己的脑筋并不比别人差，可事实和结果都已经摆在那里，再清楚不过的事情。何况，输给诱惑很多时候与一个人是否聪明无关。每个人都有自己无法抗拒的事物和人，没有谁是真的坚不可摧的。

当一份诱惑摆在面前，你可以有一百个理由去接受它，也可以有一百个理由拒绝它，就看你是否能掌控自己。如果你选择接受它，就需要做好付出代价的准备；如果你拒绝了它，也不要认为自己比别人明智。只不过能够证明，眼前的诱惑对你的吸引力还不够而已。如果你轻易地就上了诱惑的当，那必定是因为诱惑对了你的胃口。不管是爱贪小便宜的女人，还是自认为很大气、很潇洒、很高贵的女人，都应以卑微的姿态面对诱惑。

通常，女人是比较在意别人的语言和眼光的，容易为一些小事害羞或者羞愧。所以，许多女人在犯错之后被追究责任的时候，总是想尽办法推卸责任。这是一种本能的反应，也因此，很多男人不愿与女人共事，或者有过多纠缠。曾经在工作中遇到一个女人，明明是自己害怕麻烦没能及时完成一件事情，非要找各种各样的客观理由，说明这件事情在那个条件下是没办法完成的。我耐心和她分析了当时的情况，婉转地告诉她，只是因为她没有去做，而不是这件事本身没办法完成。又有一次，她因为禁不住韩剧的诱惑，一集接一集地看过了头，临近下班才想起重要的事情。这次我很郑重地和她讲，你的公司上班时间不忙，允许你们做自己喜欢的事，那是你们的制度问题，我不能评价。但你不能因此而耽搁我的事情。你也没有必要再找其他客观的理由，自己犯下的过错就要勇于承担，不要总想着如何才能推脱。你顺利推脱了一次，就想推脱第二次，久而久之，就没有人再信任你。当时，我觉得这样的女人挺可怕的，之后才渐渐发现，这样的女人并不在少数。

还有一些特别爱贪小便宜的女人，也总是喜欢为自己的恶习找借口。比如，网购的时候，被图片里的一条漂亮的裙子吸引住了，又恰逢限时打折，一时昏了头，也没认真看尺寸就买下来，收到之后才发现不合适。可店铺规则里明明写着，没有质量问题不能退换。于是，开始想办法找理由，说自己没有认真看，说店家给的尺寸不准确，说货品本身有问题，等等。更有甚者，不惜昧着良心人为破坏货品。遇到这样的买主，卖家只能自认倒霉。有的卖家见得多了，要么只能选择迁就顾客，要么就直接接受恶意批评，连解释都懒得听。其实，生活中，我们时常会遇到爱贪小便宜的女人。总觉得占了别人的便宜，自己就赚了。殊不知，这样的人在别人眼中是容易对付的，所以专为她们设置的诱惑陷阱也特别多。俗话说："拿人家的手短，吃人家的嘴短。"别人的便宜岂是那么好占的？别以为自己有多聪明，占的蝇头小利早晚要加倍还回去的。如果既爱贪便宜，又爱找借口为自己的行径开脱，就只能越陷越深，早晚要吃大亏的。因为给自己的缺陷找借口的人，永远都不会心甘情愿地回头，当自我宽恕变成习惯，缺陷就会变成理所当然，也就不会再考虑改掉或者是有所节制了。

而假若你自认为是很严谨、很认真的女人，有文化、有品位，当然也从不贪小便宜，于是就不会被诱惑俘虏，那就太过掉以轻心了。没准儿你会被一个人所伤，而且会伤得很惨。高傲的女人总是容易输给感情，因为想要得太过虚幻、太过浪漫。虽然会有人为你创造那样一个世界，但长久下去，现实总会重新夺回主动权。这也是为何很多看似是精品的女人，都没办法经营好自己的感情的原因。首先，她们想要与自己对等的男人。其次，她们想要比别的女人更浪漫、更精彩、更有内涵的爱情。对于任何一个男人来说，要得到这样的女人其实并不难。因为许多男人是擅长伪装的动物，就看女人需要的是什么。女人需要甜言蜜语，他就用尽世间最甜蜜的语言诱惑她；女人需要金钱，他就假装有钱，或者身为有钱人，大把大把地给她花钱；女人需要虚荣，他就给她创造所谓的精品生活。如此诱惑，没有多少女人能够断然拒绝。当然也有另类的女人，喜欢小清新，喜欢文艺范儿，喜欢重口味。但只要男人愿意，同样可以去迎合。所以，没有哪个女人能够摆脱感情的陷阱。如果能够陷在里面一辈子，自然是再好不过。如果不能，所有的痛苦就只能自己默默承受。

有些女人在被抛弃，被感情所伤之后，仍然不愿接受现实，也不愿吸取教训。借口说那个人之前真的爱过自己，借口说自己并没有被骗，只是现在不爱了，就放手。或者将所有的过错都归罪于那个人，埋怨对方引诱了自己，恨之入骨，发誓不再接近这样的人，却不愿去想想自己为什么会被引诱。于是，未来再有人以同样的方式诱惑她的时候，她还会义无反顾地付出。所以，不管你曾经遇到过多少诱惑，掉进过多少陷阱，都不要随便给自己找失败的理由。输给诱惑并不是多么丢人的事情，但一输再输，就会面临一无所有的危险。

在与各种诱惑的对峙中，不要试图给自己的沦落找任何借口。只有承认自己的缺点和失败，才能够增强对诱惑的抵抗力。当你发觉身边的诱惑越来越少的时候，你会迷恋上那种安静、淡然的生活，会过得更洒脱、更阳光。

# 学会窥探光鲜背后的另一面

诱惑之所以为诱惑，就因为它很难看清，很难抵御。但身为女人，我们不能让每个诱惑都在自己的身上留下印记。

有人问：诱惑的背后是什么？

回答有很多种，它们包括：犯罪、伤痛、企图、陷阱、阴谋、金钱、利益、代价。这些词语代表了一个又一个不堪回首的故事，代表了诱惑背后的真相。

每个人生来就会面对诸多诱惑，这是无论如何都无法避免的。但有的人成为诱惑的俘虏，有的人从诱惑中成长，这又是完全不同的两种轨迹。而最终会走上哪条路，取决于你是否禁得起诱惑。禁得起诱惑的人，并非从来都不会被诱惑所伤，他们只是能够在经历过诱惑之后，逐渐认识到诱惑的假面，并学会窥探诱惑背后的另一面。有个很简单的例子：女人在逛街时很容易被橱窗里的精美服饰诱惑。卖家，总会将货品最靓丽的一面展示给买家，但货品究竟是不是物美价廉，就要看买家自己的判断。面对此类诱惑，有的女人会上钩，有的女人则会理性地判断，再决定是否购买。而后者，便是懂得如何看穿诱惑的人。

也许，有的女人会说，我不是看不穿诱惑，我当然知道那件东西并不值几十元或者几百元，但我就是没办法让自己空手而归。那么，这种所谓的看穿而无法摆脱，又有什么意义呢？结果始终都没有办法改变。而且，在我看来，这根本不能叫做看穿诱惑。如果你看穿了诱惑的伪善，明了了诱惑的真相，又怎么会心甘情愿掉进陷阱让自己吃苦头呢？没有人会傻到喜欢吃亏吧。看穿诱惑，必定是了解诱惑背后的真相的。就像一件款式很漂亮，但材质很粗糙的衣服，你明知道穿在身上不舒服，或者干脆就是没法穿的，又怎么会愿意为它付出你宝贵的金钱呢？所以，学会看穿诱惑，并不只是认清摆在你面前的是诱惑，而是能够剥除它靓丽的外表，看清外表背后的真实。

如果说，物品带来的诱惑，还相对比较容易看清。那么生活中形形色色的人带来的诱惑，就不那么容易被看穿了。与看得见、摸得着的物品相比，人心是十分复杂地存在，它们包裹着各种各样的外衣，而且随时都在变化。即使某个人微笑着在你面前，你也不会真的相信他所说的每一句话，除非你们之间的关系已经达到某种亲密的程度。可就算是这样，我们仍然无法避免被身边的人所伤。因为总有那样一群人，他们善于成为别人信赖的朋友或恋人，他们懂得如何吸引和得到别人的感情，特别是女人。

对于很多女人来说，冷漠是保护自己的方式和表象。对企图靠近的陌生人保持警惕和距离，这是每个女人都会做出的姿态。可是，对于那些资深行家来说，这一层保护膜就像一层糯米纸，脆弱得根本就不堪一击。当身边的男人可以准确地投其所好，至少有一半的女人会认为这是一种相识的缘分。如果某天，你忽然发现自己刚刚结识的某个男人和自己有很多共同语言和习惯，你是否会感到惊喜？我想，多数女人都会做出肯定的回答吧。很少有人会在第一时间想到，他和自己的这些共同之处究竟是真还是假。

我的一个女性朋友，就是因为这样的原因，喜欢上自己的男朋友的。当时，她觉得那个男孩子和自己很像，有共同的爱好，志趣相投，有一种一拍即合的感觉。但真的"合"了，就发现事实原本并不是那样。两个人还是存在很多不同和分歧，因为成长环境和家境不同，思维方式也有着本质的差异。于是，她不得不调整自己，来适应他的那些习惯。朋友后来提起便感叹，好在两人的差别还在可以接受的范围之内，不然，真的说分就分了。这个世界上哪有那么巧合的事情，就刚好在你想要的时候，遇到那么相配的人呢。我说，你之前怎么就没发现呢？非要到深入接触以后，才让自己面临这样的结果。她笑，说当初自己完全没想到这回事，只是害怕那个男人欺骗她，后来发觉他的诚意，就接受了。我也笑，说现在的男人都变聪明了，真正的感情骗子级别太低了，也只能骗到那些没大脑的女人，但高级骗子越来越多了，专门骗自认为聪明的女人做老婆。

　　诱惑之所以为诱惑，就因为它很难看清、很难抵御。但身为女人，我们不能让每个诱惑都在自己的身上留下印记。看到诱惑背后的真相，是每个女人必须修炼的能力。而想要具备这种能力，首先要能够抑制自己的欲望，不要养成贪便宜的习惯。爱贪便宜的女人是最容易被诱惑的，根本就无须上升到精神层面，仅用物质就可以。而一点蝇头小利就上钩的女人，也是最没有价值的。其次，要认清诱惑的负面。一件东西或者一个人，你看清了它或他的缺陷，就不会深深地陷入其中。如果是需要的对象，你可以选择接受他们的不完美。如果你认为他们并不是自己需要的类型，就完全可以无视他们的钓饵。如果很难说服自己，你甚至可以尝试略微放大他们的缺陷，以便让自己更容易解脱。再次，要拥有果断的性格。优柔寡断的女人往往不能肯定自己看到的究竟是不是真实，从而错过摆脱诱惑的最佳时机。尽管眼睛看到的未必都是真实，但至少还是应该相信自己的判断，果断地作出决定。

　　学会窥探光鲜背后的另一面，才能拥有抵御诱惑的资本。隐藏的诱惑太多，我们唯有及时看清本相，才能保护自己不受伤害。

# 用诱惑做砝码,终会伤了自己

想玩诱惑,就难免玩火自焚的结局,真正聪明的女人是不会让自己遭遇这种危险的。

这个世界上除了容易被诱惑的女人之外,还存在一种喜欢诱惑别人的女人。自认为擅长为别人设置陷阱,自认为可以通过这种方式获得很多利益,却从未想过自己是不是会在某天身败名裂,成为人人喊打的过街老鼠。如果你刚好喜欢通过给别人甜头来获得利益,那么你最好记住,不要轻易萌生诱惑别人的念头,这是很危险的行径。

不可否认,很多女人都拥有诱惑别人的资本。不管是相貌、身材、头脑、性格,还是家世,都可以作为诱惑别人的砝码。她们选择诱惑别人,一是因为想要证明自己的实力和能力,相当于一种炫耀的方式;二是因为想要得到某种回报。当然,有能力诱惑别人的女人,必然有一方面是比较出众的。外表美丽的女人,可以以花瓶的姿态诱惑那些喜欢拈花惹草的人;头脑灵活的女人,可以想出各种办法为别人设置陷阱;可爱的女人,可以扮清纯诱惑那些迷恋青春气息的人;性格温柔如水的女人,可以诱惑那些缺乏母爱的人。每个女人都有自己的特质,如果能恰到好处地发掘自己的特质,就可以成为一颗诱人的果子,令人垂涎。

还有一点不可否认,多数女人诱惑的对象都是男人。虽然,偶尔她们也会为自己看不顺眼的女人设置陷阱，但女人之间的小打小闹，她们完全没当回事。她们的眼睛大多盯着有权势、有地位或者有家世的男人。从有资本的男人身上，女人可以得到自己想要的物质或者名利。无须花费几年，甚至十几年勤奋工作，只需要付出在她看来是不那么重要的代价，就能得到梦寐以求的东西，是一件多么值得去做的事情。然而，事实真的像她们想象的那样简单吗？

首先，对于某些有钱、有地位、有家世的男人来说，凡是用钱能够换来的东西，都是不值得珍惜的，不管是某件东西，还是某个女人。所以，他们可以为自己看上眼的女人大把大把地花钱，也会在不喜欢之后将她们随手丢弃。可尽管女人们大多都明白这点，却还不死心。有些女人的理论是，不管男人是不是真心，只要有钱赚就皆大欢喜。正所谓各取所需，男人要女人，女人要钱。看起来很对等，也很公平。于是，女人们原本贞洁高贵的青春，就这样被贬得一文不值。我不是想说女人要贞洁之类的话，但起码，不要让它沦落到用来换钱的地步。就算它没有古人宣扬的那样宝贵，也不要被现代的理论糟蹋得不成样子。当女人渐渐老去的时候，总会在某天意识到青春年华的重要性。如果记忆中没有美好的风景和爱情，只有金钱和华丽的奢侈品，又有什么用呢？

其次，就算真的能诱惑有钱、有地位、有家世的男人，又要花费多少心思才能守住。他们不会在乎女人的感受，不会真的付出感情。因为他们并不傻，当然明白女人奉献自己的意图，他们看重的是女人拥有的特质或优势能够为他们带来的好处。即使真的在一起，建立了家庭，他们照样可以有自己的世外桃源。女人们以为自己胜利了，赢得了想要的地位、名分、金钱。可渐渐地，在需要陪伴的时候，在需要温暖的时候，在需要依靠的时候，那个踏实的胸怀又在哪里？整日在外忙碌着的那个人，真的可以让女人看到后半生的希望吗？那些整日在美容院、按摩院、健身房打发时间的阔太太，是否曾后悔自己当初的选择呢？当年，她们都曾是令人羡慕的女孩，与自己心仪的精品男人恋爱，举行盛大豪华的婚礼。不管她们最初是灰姑娘还是公主，都如愿成为了王后。而她们日渐老去，总有一天会明白，那些用虚名或者金钱包裹着的爱情，是不值得用自己的一生去换的。

《喜宝》里有句话说，女人如果没有很多很多爱，就要有很多很多钱。有些女人将这句话奉为真理。她们经历过爱情的伤，不再需要也不再相信爱情，她们只需要钱。为了这样的追求，她们可以放弃自己的青春、时间、身体，将自己摆在交易品的位置。偶尔，她们也需要一点点感情作为伪装，让男人感觉到被爱被崇拜。而男人作为消费的一方，甘愿用手中多余的钱换取女人的青春和蜜糖般的爱情。结果，当然各不相同。有的女人得寸进尺，被抛弃。有的女人受够了男人的摆布，选择离开。有的女人不小心真的付出感情，却注定得不到真情，被折磨、被伤害，最终两个人不欢而散。人们常戏谑"某些人穷得就只剩下钱了"，恐怕这些穷得只剩下钱的女人，才能真正体会到这句话的悲哀吧。没有很多很多爱的女人，还可以拥有继续爱的资本和能力，可只有很多很多钱的女人，是不是连被爱的资本和能力都失去了呢？

诱惑的代价是很大的，女人们都付不起。在诱惑别人的同时，女人身上最重要的东西也在被窥探、被把玩。不要觉得能够诱惑别人是自身强大的表现，这是一种愚蠢的想法。生活并不像故事里描述的那样，没有哪个男人会真的拜倒在某个女人的石榴裙下，并甘愿付出自己的一切。不管女人保养得多么周到，伪装得多么聪明伶俐，男人总会有厌倦的时候。如果你不想成为男人随手拿出来展示的花瓶，不想成为男人酒后的谈资，也不想某天忽然发现自己的事迹广为流传，就要在学会抵御男人诱惑的同时，好好珍惜自己的所有。就算暂时还没有很多很多爱，至少还可以用很多很多学问填充自己。不要用一副可怜兮兮的小女人相去诱惑男人，不要给人一种寂寞难耐的空虚感，如若不然，最终受伤的还是自己。

想玩诱惑，就难免玩火自焚的结局，真正聪明的女人是不会让自己遭遇这种危险的。

# 在无止境的诱惑面前保持淡定

**想要分辨诱惑，就要具备在诱惑面前保持淡定的能力。**

假如有一种你最爱吃的食物摆在面前，你是否会毫不犹豫地拥有它；假如有一件喜欢的衣服价格刚好在接受范围内，你是否会毫不犹豫地买下它；假如碰巧遇到一个喜欢的人，你是否会毫不犹豫地接受他；假如某个人可以帮助你获得晋升的机会，你是否会答应他全部的条件；假如某个人愿意请你吃喝玩乐，你是否会欣然接受对方的邀请。生活中有许许多多的诱惑，我们每天都在经历。有的即使无法抵御，也无关痛痒。而有的，却会让你付出巨大的代价。所以，我们需要学会分辨诱惑，才不至于一而再、再而三地摔跟头。而想要分辨诱惑，就要具备在诱惑面前保持淡定的能力。

女人天性注重细节，思维细腻，但却喜欢感情用事，很多时候不能冷静地思考问题。所以即使有些小精明，也常常吃大亏。比如，为了贪图一点小便宜，无端地买了更多原本并不需要的东西。比如，为了所谓的爱情，可以奋不顾身，上演飞蛾扑火的游戏，还觉得自己很伟大、很悲情。所以，世界上有许多受伤的女人。颓废、阴郁、满心怨恨，总觉得自己是最可怜、最值得同情的人，却极少会想到，自己究竟为什么会变成这样。

诱惑，是个暧昧、迷离的词儿，散发着神秘的气息。它们亦是人生路上的美丽风景，可以驻足欣赏，但不能深入其中。这道理，不管是受过伤的，还是没受过伤的，不管是经历过爱情的，还是没经历过的，都应该懂得。然而，懂得是一回事，能不能做到又是一回事。从来都很佩服那些能够在诱惑面前不为所动的女人。她们拥有过人的智慧和强大的内心世界，不会过分在意自己的所得，不会唯利是图。当然，她们也曾被诱惑，但可以在第二次面对诱惑的时候安静地走开。

身边曾有过这样一个清新淡雅的女孩，认定是自己不需要的东西，就保持一种敬而远之的态度，任凭别人怎么蛊惑，都不为所动。后来，她遇到一个男孩，有头脑，有家世，有诺言，也有爱情。她在男孩的追逐中徘徊了很久，始终没有再往前迈出一步。她说，这不是适合她的男孩，就像橱窗里的精品，虽然看起来很漂亮，但并不是每个人都能与它融为一体。如果不能控制自己，便会适得其反，好像戴了件不合适的首饰，突兀又难看。旁边的朋友反驳她，说这样优秀的人并不是随处可见的，你迁就一下又有什么不好。她笑说，我需要的并不是他的这些条件，我不想依靠他的家世生活，我也不羡慕他的头脑，而诺言和爱情是最善变的东西，它们只能用来做调料。既然他并不适合我，我为什么要因为这些外在的条件而迁就他呢？旁人看到的不过都只是表面，如果深入了解，你就会发现他很小气，很没主见，不管是生活还是思想，都不够独立。这样的人，怎么能作为依靠的对象呢？

当浮于表面的诱惑被抹掉，真相往往是令人惊叹的。任何物质或者人，都是有缺陷的。被诱惑，只是将他们的优势无限扩大，而忽略了缺陷的一面。不会被诱惑的人，能够冷静地看到他们的缺陷，才决定自己是不是真的要接受。不要因为他们的美丽，不要因为他们的时尚，也不要因为他们的小资，就轻易选择接受。

很多女孩会选择购买当季流行的服饰，因为铺天盖地的宣传告诉她，这是时尚流行风。可越是时尚的东西，就越难驾驭。模特穿起来好看，却并非每个女孩穿起来都好看。就算身边的同事或朋友穿起来赢得了很高的回头率，同样未必就适合自己。每到春夏，马路上各种各样的黑色丝袜肆虐横行，总会有那么几条腿是令人震惊的。每到秋冬，又换成各种各样的靴裤、短裙和靴子。有时和朋友闲聊，会禁不住感叹某些女孩的审美。不管广告的诱惑力有多么强大，至少应该认清自己适合什么样的款式。怎么能因为紧跟流行趋势，而将自己装扮得惨不忍睹呢。就算一时禁不住诱惑买了不适合自己的服饰回来，最好还是忍痛压箱底吧。谁都会偶尔看走眼，但别因为舍不得那点钱，而令自己的外观受损，那样太划不来了。

很多女孩子会选择多金的钻石王老五做另一半，因为她们认为有钱就能拥有一切。可越是有钱的人，就越难真心。他们身边，蜂拥而上的女人太多太多了。看惯了那些奋不顾身的漂亮女孩，认清了她们的目的，也就对女孩失去了信任。时常会在高级住宅区和品牌专卖店遇到富豪们身边的女孩，妆容精致，服饰华丽，但难掩眼神中的落寞情愫。生活被各种名贵的物质塞满，却塞不满需要真感情的内心。她们中的很多人，每天都沉浸在物质营造的浮华生活中，一天一天漫无目的地生活。

前些年的同学会，遇到曾经的班花，听说她选择与一个华裔富商在一起。不知道是否会结婚，男人常常不在国内，她也暂时没能获得签证，只是每天待在男人的别墅里，想办法打发无聊的时间。男人每月给她两万元人民币，当做零花钱，其余从不操心。她留了几个要好同学的电话，说要相约一起出去散心。后来其中一个女孩对我说，她曾多次邀请自己去打保龄球或高尔夫。"我也知道她是好心，可这都是有钱人的运动，我可玩不起。就算她有花不完的钱，也不能总让她请我玩吧，所以还是不去了。"女孩说着的时候，眼里露出毫不相干的神情。

于是我想，如果那个女孩没有选择这般华而不实的生活，如果她愿意像平凡的女孩子那样生活，会不会觉得快乐些呢？面对生不带来，死亦无法带走的金钱，不妨淡定一些，平和一些，未来或许会得到更加多彩的生活。

还有很多女孩子选择另类、小资的生活。在这个崇尚个性的时代，另类和小资似乎代表了一个人的独特品位。女孩们会盲目地认为特别的就是好的，所以不管作何选择，都要和别人不一样。各种反潮流、反世俗的做法也屡见不鲜。比如，曾经有段时间颓废、阴郁的风格火了，就有越来越多的女孩加入颓废、阴郁的行列。好像自称文艺的人必定要是抑郁的，要喝咖啡，要懂得奢侈品，要穿棉布裙子和球鞋，要带着孤傲的眼神，要在深夜里品尝寂寞的滋味。当然，年少轻狂的时候，谁都会有些小忧伤，可不能故意让自己掉进忧伤的陷阱，不能因为所向往的出众，就往黑影里走。那些所谓的行为艺术，那些特立独行的行径，都不过是哗众取宠，并不见得有多少实际意义。我们可以培养自己的个性，但不能让自己沦为生命里的一个表演者。生活需要的，还是平淡。

做一个在诱惑面前保持淡定的女子，没有什么不好。某些疯狂和某些奢华是不需要经历的，懂得认真感受生活的女子，懂得拒绝诱惑的女子，才能在岁月里长久地保持一份纯真。

# 第 5 章

# "淡" 在虚荣之外：
## 与浮华说再见，才能找到自己的本性

有人说，虚荣其实是个中性词，关键看虚荣的人想要用虚荣换回什么。当然，我承认，虚荣是可以令人发愤图强向前冲的，但我宁愿将那种虚荣称作自尊心。这里，我们要探讨的，只是负面的虚荣，那种为了面子不顾一切的举动。

# 虚荣是被扭曲的自尊心

如果你是个自尊心很强的女人，就要时刻留意，不要让这份自尊心盲目扩大，变成虚荣。

在童年时代接受教育的过程中，自尊心是反复被提及的词语。特别是女孩子，长辈们总是不厌其烦地告诉她们，要懂得维护自己的自尊，不能容忍被别人侮辱或歧视，也不能做出那些容易被诟病的事情。所以，女孩们从小就学会了如何修饰自己。外表的装扮，言行举止的习惯，行事的方式等各方面，都会处处留心，小心翼翼地生活着。渐渐地，她们习惯了被长辈夸赞，习惯了同龄人眼目的眼光，喜欢上了那种被关注、被褒奖的生活。另一方面，女孩子的自尊心也是受到精心保护的。在长辈们的溺爱中，很多女孩子的小错误被容忍，以避免挫伤她们的自尊心。久而久之，女孩们便不愿再容忍自己比身边的其他人弱，不再能容忍别人对自己的错误指手画脚。她们竭力保持自己的关注度，会故意违背自己的意愿，做一些吸引别人目光的举动。随着年纪的增长，"好面子"就成了她们的一种生活态度和习惯。

我曾有一个玩伴，因我母亲和她母亲算是朋友，我们两人从小就在一起玩。那时候，她是长辈们眼中的优秀女孩，是班里的班长。虽然学习成绩并不突出，但长辈们都说她懂事，会讲话，办事能力强。在学校里，她就像大姐姐，照顾着身边的同龄人，也希望得到他们的敬重、称赞和羡慕。而那时候的我，是个比较迟钝的孩子，并不觉得她的生活有什么值得令人羡慕的。我有自己的小世界，有自己的小快乐，其他人的光鲜与我无关。所以我从未羡慕过她，也没有刻意说过好听的话，或者用零食之类的小玩意儿讨她的欢心。而且我的成绩要比她好很多，我并不觉得她比我高出多少。

过了很长时间，我才意识到她渐渐对我产生的敌意态度。有一次，我指出了她的一个明显的错误，当时还有其他几个同学在场，她觉得难堪，狠狠地看了我很久。后来，她利用班长职务之便，小小地报复了我。我觉得很委屈，就趁机当着两位母亲的面将整个事情和盘托出。她母亲觉得有点难为情，向我道歉，并反复强调是她女儿的自尊心太强了。我觉得不屑，她整日在我母亲面前称赞自己的女儿，现在遇到这样的事，却要摆出"自尊心太强"的理由，难道我就没有自尊心的吗？这次之后，我私下和母亲说，不会再与这人来往。刚好临近毕业，我们俩就此分道扬镳。

再后来，我母亲还是会遇见她母亲。遇见之后，就会和我讲，说她母亲说，她考进了某某重点学校，在班里受到老师青睐，担任班干部之类的事情。高考过后，她母亲说她考进了某知名大学的金融专业。这些话我都只是听听而已，从没往心里去。工作之后，重遇之前的同学，才又说起她。这位同学碰巧和她读同一所中学，有力证明了我听来的那些话纯属谎言。她在重点中学里成绩平平，也没有担任什么班干部，考入的也不是知名大学，而是知名大学的成教学院，文凭是要通过自学考试才能拿到的。"怎么会有这样虚荣的人？"这位同学感叹："以前在学校的时候我就觉得她挺爱虚荣的，没想到她妈妈也是那样，真是一家人。"

某年春节的同学聚会，我才又遇到她。化精致的妆，服饰和手袋都是知名品牌，向每位同学介绍自己，说现在在北京一家知名医药公司做市场部经理。我看到其他女孩眼里羡慕的神情，和她们窃窃私语时的神态。当着很多人的面，她向我走来，嘘寒问暖，寒暄了很久。我随口应付着，丝毫没有惊讶或羡慕的意思。

我说，这么多年了，我们彼此都很清楚。她愣了几秒钟，找别的话搪塞过去了。我想，她是懂得我的意思的。聚会进行了一半，她要先走，说还有事。我说，你要去哪儿，我有车，送你。她的眼睛里闪过一丝惊讶，忙说不用了。后来我跟出来，发现她去附近的车站挤公共汽车。那时候我只觉得，女人的虚荣怎么能到这样的地步。

随着阅历的增多，我遇到的虚荣的女人也越来越多。她们当中的很多人，都称自己的自尊心很强。但是我想，维护自己的自尊，并不是给自己罩上一件华美的外衣。首先要获得成绩，获得被人赞许的资本，才能谈得上维护自尊。如果明明没有那样的能力，还硬要装作有，那样的自尊便不叫自尊了，因为虚假是不值得尊重的。如果想要别人的赞赏，想要别人的崇敬，想要别人的羡慕，就要努力做好自己的事，力求获得一些成绩。说得通俗一点，面子不是自己粉饰的，而是别人给的。当你站在了一定的高度，别人自然会给你足够的面子。如果没有办法站上那样的高度，却偏要在自己的脚下搭一个简易的台阶，是很危险的。一旦台阶坍塌，就会摔得很惨。如果被别人看穿了虚荣的伪装，从此这个人只能给人留下负面的印象，没有人会认为这样的做法是拥有强大自尊心的表现。

如果你是个自尊心很强的女人，就要时刻留意，不要让这份自尊心盲目扩大，变成虚荣。而如果你是个虚荣的女人，就千万不要用自尊心这样的挡箭牌为自己开脱，虽然自尊心与虚荣的确是有那么点儿渊源，但虚荣是自尊心异变之后的结果。身为女人，要学会平衡自己的内心，在保有自尊的同时远离虚荣。

# 别为了面子苦了自己，不值得

**虚荣心是女人最致命的弱点，可以让女人为了自己的面子，
不惜付出所有。**

有人说，女人的虚荣是因为男人的眼光。男人喜欢漂亮的女人，喜欢精致的
女人，喜欢出众的女人。所以女人们要想尽办法从同类中脱颖而出，吸引男人的
眼光，讨男人的喜欢。还有人说，女人的虚荣也是天性使然。女人的爱美之心
重，喜欢被人夸。只有处处用心装扮自己的外表和言行，才能让自己显得出众，
才能赢得赞美之词。然而，不管女人的虚荣心究竟是为了什么，凡是女人，都无
法摆脱虚荣心，却是不争的事实。虚荣心是女人最致命的弱点，可以让女人为了
自己的面子，不惜付出所有。

在中国，面子是一个古老而深邃的问题，它蕴涵着中华社会心理的深层意
象。爱面子、讲面子、要面子，已经成为习惯，面子问题是被人异常重视的。而
对于中国的女人来说，面子更是必不可少的。面子代表了别人看自己的眼光，也
代表了别人对自己的尊重程度。有面子的女人，是女人中的佼佼者，也是男人追
逐和献殷勤的对象。所以，女人们的面子竞争，从来都是一场没有硝烟的战争。
当然，要赢得胜利，是要付出代价的。比如，薪水不高的女人如果想要"有钱"
的面子，就得委屈自己省吃俭用，或者想办法通过别的途径变得"有钱"。再比
如，相貌不够好的女人想要"漂亮"的面子，就得通过整形、美容及化妆技巧来

获得。既然是战争，就难免惨烈。为了面子的牺牲和付出却换不来回报的情况，比比皆是。

曾经听人说起过一个努力减肥的女孩子。大抵是因为喜欢的男孩钟情于另一个比她苗条的女孩，于是将自己的失败归罪于身材太胖，拼命想要减肥。为了避免反弹，她选择了多数女孩热衷的节食方法。最初的坚持还是看到了一些效果，身材变瘦，可以选择的衣服更多，穿起来也更好看。身边的朋友纷纷称赞她的好身材，看着其他女孩羡慕的眼神，她拥有了更多继续坚持下去的决心。节食真的使她越来越瘦，但整个人也越来越弱，越来越没精神。每天的功课消耗了很多能量，得不到及时补充，长期的入不敷出，使她看起来就像一张纸片，随时都可能被风吹走。这时，其他女孩不仅不再羡慕她的好身材，还时常在背后议论，说她看起来就像一副骷髅架子。某天夜里，她望着镜子里的自己，也真的吓了一跳。也就是这一吓，让她悬崖勒马，没再继续折磨自己。只是长期盲目地减肥让她的体质下降得厉害，不得不通过医生的治疗才能慢慢恢复。

虽然我没有遇到过这样迷恋减肥的女孩，但身边还是时常有女孩大谈减肥，说要让自己变得更好看。我问，只要健康就好，为什么一定要那么好看？她们给我的答案是，当然是为了能获得更多的赞美和欣赏。我又问，难道你心甘情愿地折磨自己，只为了给别人养眼吗？她们说，只是喜欢被人夸奖和羡慕时的那种优越感和自豪感。不知道她们是否考虑过，别人的一句好听的话，是可以随意说出口的，而自己的健康是多少钱都买不来的。花费了那么多的时间和精力伤害自己，只为别人的几句好听的话，太不值得了。何况，很多时候，别人的话都是违心的。如果说不谙世事的小女孩的所作所为还能理解，那么那些混迹职场的成熟女人，又该如何评价呢？

事实上，职场中的女人也会为面子不惜付出血本。一个公司、一个部门，如果女人多了，竞争的气氛就会特别浓厚。关于服饰、关于品牌、关于品位、关于男友、关于老公，各种各样的明争暗斗每天都在上演。表面上看来，是大家利用休闲时间在探讨。可实际上，不过是在攀比和炫耀。

我的一位朋友至今还总是抱怨她的同事，有事没事就爱谈及自己身上的品牌，家里的房子、车子、老公的职位，等等，弄得她很不舒服。其实自己也并不比她差，可就是不想比来比去，多没意思。我说，你不如让她明白，免得她再不停地啰唆。你给她当头一棒，她就不会再炫耀。朋友后来照做，可结果，令我们俩都大吃一惊。朋友不过是随口说了句自己的车子是某品牌，可没过多久，她就声称自己和老公商量好要换车，还让朋友帮忙参谋参谋。毫无疑问，她口中说出的参考品牌，都比朋友的车要好一些。"我真是不知道该说什么。"朋友觉得无奈，"办公室其他女孩都不如我们，所以她就把注意力都放在我身上，其实有什么好比的呢，这不是让自己受罪吗。谁都知道她的车是去年刚买的，买的时候也花掉了不少积蓄。我真是罪过，偏要给她添麻烦。"我只好劝朋友放宽心，这种死性不改的女人，索性不要管她，让她折磨自己好了。

后来听朋友说，她的这位同事真的狠心换掉了只开了一年多的新车。据说，这位同事的老公也是好面子的人，说既然要换，就要换个大一点的车子，开出去也够场面。于是，两个人居然贷款买了辆一百万的车。"这种女人真是不可理喻。"我朋友表示一万个不理解："她和她老公两个人的薪水都不算很高，还背着房贷，现在居然还要背上车贷。我认识这么多人，没有一个是贷款买车的。女人的虚荣心真可怕。"

按理说，面子只能是偶尔注重的东西，自己的生活品质才是最重要的。就像鞋子，合不合脚只有自己最清楚，因而买鞋子不要最贵，只要合脚。可偏偏有的女人宁愿放弃合脚的鞋子，也要选择华丽名贵的鞋子，即使穿上去受罪，也在所不惜。但有一点，不合脚的鞋子是无法长久地走路的。总有一天，会想要求得解脱，因为人的忍耐都是有限的。到那时，会觉得自己当初的付出明明就等于是花钱买罪受，太傻了。面子问题也是同样，当一个女人终于明白面子工程不过是自欺欺人的把戏，就会意识到自己做了一次赔本生意。不过，赔本并不可怕，只要别赔得血本无归，就还有挽救的余地。放下那些无谓的面子，还自己一个轻松自在的生活，不好吗？

# 光鲜的外表无法掩饰空虚的内在

一个穷得只剩下钱的女人，已经失去了做女人的韵味和内涵。纵然有再多的钱和再美的脸，也总有一天会衰败。

假如一个女人需要拼命地用光鲜的外在表象来装饰自己。那么，这个女人的内在必定不会是丰盈的。人们常说，爱慕虚荣的女人是空虚的。因为精神世界不够丰富，所以眼里只有那些流于表面的东西。这样的说法的确不无道理。

每个活在世上的人都或多或少地希望自己能够被关注。特别是女人，她们的美丽，她们的言行举止，似乎都是为了取悦身边的人，尤其是男人。俗话说："女为悦己者容。"女人精心装扮自己的外表，就是为了喜欢自己和自己喜欢的人。约会前，多数女人会用很长时间挑选衣服、化妆、演示动作、准备台词，是为了更好地展示自己，也是对对方的尊重，这样的做法本无可厚非。倘若有的女人天天如此，甚至为了升级自己的形象，不断地耗费财力和精力，就有些得不偿失了。要知道，审美也是可以疲劳的。不管一个女人的外在形象如何改变，如果她的精神世界始终贫瘠，她终究只是那样一个不值得深究的人。在慢慢了解之后，她身边的男人或女人就不会再对她感兴趣。

有位朋友，在一家外资公司上班。她说，自己每天最大的乐趣，就是观察另外一位同事穿了什么样的衣服，换了什么样的手袋和饰品。她并不是要与对方攀比，而是有点置身事外看笑话的意思。她的这位同事，是那种特别喜欢打扮自己的女人。服饰、手袋和饰品都必须是国际名牌，做头发一定要找知名的造型师，做指甲一定要在知名的美甲店，超市积分卡一定要是全市最高级的那家，IT 产品一定要是当前最流行的。来公司上班不到 3 个月，办公室里的其他女人都已经熟悉了她每天穿的衣服品牌、手袋的价格和饰品的限量版款式。还知道了她的头发是在全市最好的美发店做的，指甲是在高级会所做的，超市积分卡是一百元一分的，笔记本电脑是当前最火的。

起初，女孩子们对她还是挺感兴趣的。毕竟，有这样优越的生活条件，任凭谁都会有点羡慕。然而相处久了，就发觉这个女人似乎除了这些，便没有其他目标和能力。工作时常偷工减料，也没有什么成绩。不懂得该如何处理事情，态度既武断又蛮横。不小心出现错误，就想尽办法推卸责任。凡是与她合作过的男人或女人，都对她颇有微词。最后，大家一致认定这女人空有漂亮的外壳，却没有与之相称的内在。从此，没有人再对她感兴趣。她的炫耀慢慢成为一场戏，作为大家工作之余的调节。

"这种女人实在太没意思了。你说她真的有钱吧，就不会和我们一样赚每个月的这点薪水。明摆着都把钱扔在奢侈品上了，恐怕还得啃老。这样的人真没出息，有本事自己做生意自己赚，天天就知道在我们这样的普通小百姓面前显摆，虚不虚啊。"说完这席话没多久，朋友就告诉我，这位虚荣女终因犯下比较严重的失误，而被迫辞职。

一个人的精力是有限的，将大部分精力放在满足自己的虚荣心上，脑子里就装不下其他事情。所以，如果一个女人想要追求虚荣的满足，那至少应该是有能力创造优越条件的。自从我们的生活进入了网络时代，就真的体会到了什么叫做"大千世界，无奇不有"。各种各样的事情层出不穷、花样百出，而对于那些喜爱虚荣、喜欢炫耀的女人来说，网络真是个再好不过的地方。她们不只满足于生活中的小范围，而是可以将炫耀的范围无限扩大，在更多人的面前炫耀出自己的特色。比如，有的女人炫耀外表，有的女人炫耀财富，还有的女人炫耀男人。

炫耀外表的女人应该算是比较初级的水准。在这个电脑技术高度发达的时代，人人都可以变美女，都可以非主流，还有什么好拿出来显摆的呢？唯一能引起点儿轰动的，就得前卫一些。可出得太过，就有被查封的危险。除非是那些需要刻意炒作的女人，对于普通的女人来说，还是安分守己的好。

而炫耀财富的女人，多少是有点来历的。不记得是从什么时候开始，网络里十分流行炫富。这些女人大多自称是富商的女儿或者声称钱是自己赚来的，喜欢用照片记录自己的生活，照片里无一例外地都是名车、名牌服饰、别墅，甚至是赤裸裸的金钱。不管她们究竟是不是真的富家女，是不是真的很有钱，至少在拍下照片的那一瞬间，她们的虚荣心是得到了极大的满足。虽然看到照片的人大多持鄙视的态度，但没有人能够否认内心的羡慕和向往。所以这种满足正是她们想要的，可以填补她们内心无限的空洞。但在这之后呢？继续自己的拜金生活，每天思考用什么东西才能换来更多羡慕的眼光；还是过把瘾之后就销声匿迹？不管如何选择，内心的空洞是不会改变的。一个穷得只剩下钱的女人，已经失去了做女人的韵味和内涵。纵然有再多的钱和再美的脸，也总有一天会衰败。

至于炫耀男人的女人，我觉得就算是比较高的境界了。她们大多不像小女孩那般浮躁和狂妄，她们懂得男人需要什么，懂得如何让男人心甘情愿地付出，这不能不说是一种能力。但即使可以炫得含蓄，也还是免不了喧嚣过后的孤寂和虚空。别人将羡慕和赞美之词送给她们，随即转身去过自己的生活，可能第二天就会因忙碌忘记这回事，或者变成茶余饭后的谈资，一笑了之。所以，她们费尽心机，换回的终究还是一场空。

我从来都不能理解喜欢收集别人羡慕和赞美之词的虚荣女人，不明白她们究竟想要得到什么。或许是因为内心太过空洞，只能找些东西来填补。可不管她们将自己装扮成什么，外表的光鲜都无法掩盖内心的空虚。当夜深人静，独自品尝寂寞的时候，她们是不是也会黯然神伤；又或者，她们不愿独自面对黑夜，在繁华霓虹中消磨时间，不过是空耗着自己的青春年华。而别人给的那些溢美之词和羡慕忌妒的眼神，就像空气中飘过的一丝风，注定只能转瞬即逝。

# 哗众可以取宠，但终将失宠

**哗众可以取宠，但终将面对失宠的结局。没有人能够将自己的戏一直演下去；不如看淡浮华的虚荣，过自己的平淡生活。**

《汉书·艺文志》里说："然惑者既失精微，而辟者又随时扬抑，违离道本，苟以哗众取宠。"自此，"哗众取宠"就被用来形容那些喜欢通过浮华的言论赢得旁人信赖或欣赏的人。他们通常轻浮、好虚荣，喜欢被羡慕、被支持，总是摆出一副高调的姿态，靠迎合别人的口味获得更多的关注。

凡是喜欢在网络里游走的人，都对各类形形色色的"哗众取宠"见怪不怪。哗众取宠的媒体报道，哗众取宠的行为艺术，哗众取宠的综艺节目，还有那些哗众取宠的私人博客。各种"雷人"的事儿层出不穷，既满足了公众的娱乐心态，也满足了某些人的虚荣心。当然，女人们在这类事情上，总是不会甘拜下风的。

　　一档节目里曾说过：现在的人上网写部落格，不怕你不看，而是怕你看不到。写给自己看的东西叫日记，写给别人看的东西叫传记。以前只有伟人才出传记，但现在只要会打字就会写传记，写了以后就以为自己是传奇。不知道有多少人真的希望自己变成传奇，但部落格或者说博客这回事，确实大行其道了。我曾看过很多女孩或女人的博客，人气比较高的通常有两种。一种是小资或者文艺风，铺天盖地的情绪弥漫着，那些小资的词儿、小资的电影、小资的音乐、小资的情结，让世俗中正在经历柴米油盐的女人自叹不如，忍不住顶礼膜拜，感叹自己白活了这些年，与其在家朝九晚五、安安稳稳地过日子，不如像三毛那样去流浪。而男人们也对此类女人青睐有佳，有思想、有文化的才女，谁不想亲身感受一下小说中的那种浪漫。于是某天，我忽然觉得天底下的文艺女青年越来越多，谁说这个时代的人越来越不好学，越来越不上进？相反这还是个盛产才女的时代。至于哪些是真，哪些是哗众取宠的伪文艺、伪才女，就要靠时间来给出答案了吧。伪装并不那样简单，当她们赚够了别人的崇拜和欣赏，满足了自己的虚荣，也许就会在某天销声匿迹了。还有一种是走惊悚路线的，专门制造令人惊讶的内容。有的喜欢晒资本、晒幸福，有的喜欢爆猛料，还有的喜欢制造八卦。不管写什么，拍什么，都要符合当下的流行趋势，并且要有足够的吸引力和震撼力，大有语不惊人死不休的气势。即使有争议，即使被骂，也没什么关系，只要有足够的人气，就算是达到了目的。难怪人们都说，想要在网络里火起来，实在不是多难的事情。

　　偶然看到一篇豆瓣里的文章。大意是说，现在豆瓣网里哗众取宠的人越来越多，什么话题热门就讨论什么，什么东西吸引人就搞什么，很多人想尽一切办法吸引别人的关注，但豆瓣网的价值正在一点点失去。我并不了解豆瓣网，所以不能认定这样的说法是否客观。只是，从越来越厚重的文艺和小资气息里，我感到了一点点不快。很多所谓的普通人，都对文艺女青年有着某种好奇、崇拜和追捧，这点我有着亲身体会，尽管我从不承认自己是什么文艺青年。有的人会对小资的生活方式、爱好和习惯感兴趣，仅仅是因为所谓的个性，而不是发自内心的喜欢。那么，这样的模仿又有什么意义呢？总有一天，会觉得累，会再也伪装不下去。或者追捧的人也审美疲劳了，或者又出现了比你更前卫的人。于是，只好面临失宠的境地，被淹没在时间的洪流里。

我身边曾有个特别喜欢扮文艺、扮小资的同学。豆瓣网里的同城活动，只要是有关咖啡、书店、酒吧音乐会、电影放映等类型的活动，她总是很热衷。闲聊时，总是谈及咖啡厅、西餐厅、酒吧、独立音乐、国际名牌。时常央求在香港打工的同学带回名牌化妆品、首饰和数码产品。喜欢别人夸赞她的行头，喜欢别人问"哎呀，这是什么？很贵吧"。自从有了微博，她就更加勤快，各种小情绪和照片轮番上演。学会了炫耀在高级餐厅吃饭，学会了汇报在酒吧听独立音乐，学会了各种各样的自拍，学会了那些小清新的句子，学会了为天气变化和四季交替伤怀，还学会了称呼只比自己年长几岁的男朋友为"大叔"。每天，我都在感慨她的进步速度，竟然可以如此之快。之前，最多不过是追追名牌，追追明星，现在俨然已经上升成了文艺小青年。前一天还感伤地写着"谁来爱我"、"谁在夜里抚慰我的心"，后一天就拍了男朋友送的某品牌裙子沾沾自喜。

几个朋友闲聊的时候说起她，都感叹时光流逝、岁月如梭，昔日好好的一个女孩，怎么就成了这样。"她怎么变成这样啊？太虚荣了。"一个朋友忍不住抱怨："我都不忍心继续关心她了。"我说，你就当作是华丽的表演吧。什么时候看烦了、看腻了，就从生活里剔除。几个人琢磨了半天，也只好这样了。

还遇到过另一种哗众取宠的女人，并不炫耀，也不紧跟时尚潮流，而是喜欢展示自己的委屈和伤害，就好像天底下的女人都比她幸福。那段时间，我每天一见到那个女孩子，就会想，她今天又会出什么状况。不管是私事还是公事，总有什么事、什么人是要令她受伤的。比如，因为帮朋友的忙熬到凌晨才睡。比如，不舒服，生病了，还在坚持工作。比如，同学又从外地来看她，害她花了很多钱招待。总之，她遇到的不顺心的事一定是比别人多。而且，如果她碰巧帮了你，就一定会让所有的人都知道她帮了你这回事。起初，周围的人都觉得她挺不容易的，凡事都照顾着她。可后来，渐渐也就感觉出不是那么回事儿。人生在世，遇到磕磕碰碰的事儿在所难免。如果每天都把自己遇到的大大小小的背运事儿都摆出来晒晒，我们自己的也未必会比她少。看穿了就能明白，她无非就是想收集更多的同情和照顾，来显示自己多么讨人喜欢，多么受人青睐，多么有本事。

哗众取宠就像一场戏，演戏的人卖力地想要表现自己，赢得掌声。而作为观众的我们，也许一开始会看得津津有味，并且不会吝惜自己的掌声。可看得久了，尤其是那种套路一直不曾改变的戏，就会出现审美疲劳，也就不会再觉得有意思。这时，我们宁可选择其他有新意的戏，也不会在此流连。所以，哗众可以取宠，但终将面对失宠的结局。没有人能够将自己的戏一直演下去；不如看淡浮华的虚荣，过自己的平淡生活。

# 用媚俗换回的虚荣就像泡沫，一触即破

我们都曾见过那些飘拂在广场上空的泡泡，它们在阳光下闪
耀着五彩斑斓的颜色，但只需轻轻碰触便不复存在。女人的媚俗
换回的那一点点虚荣的光环同样如此，不过是供人娱乐的消遣而
已，即使受到再多关注，也都是暂时的。

媚俗是一个千百年来一直被抨击的现象。迁就、迎合、讨好大众的口味，以
一种低姿态的谄媚态度为人、做事，这样的人或许可以获得公众的追捧，但自身
人格也将不复存在。所以，媚俗自古就是不被提倡的。然而，在这个崇尚个性的
时代，媚俗仍然不可避免，并且还大行其道。

当商业化成为一种主流，就会有人不惜牺牲精神领域的崇高和社会责任，来
换取短期的商业利益。传媒行业对娱乐化、猎奇、隐私爆料的追求，和因此而获
得的巨大经济利益，让越来越多的人看到了媚俗的好处。于是，有更多的人加入
其中，除了追求经济利益，也能满足自身虚荣的需要。

所谓"俗"，就是最能贴近普通大众的东西。它们往往是生活化、人性化
的，能满足大众的好奇心、窥视欲、想象力，也能引起大众的共鸣。而媚俗
就是刻意利用这些东西满足大众的需求。米兰·昆德拉曾说："媚俗者的媚俗
需求就是在美化的谎言之镜中照自己，并带着一种激动的满足感从镜中认出
自己。"昆德拉认为，媚俗是虚假的、谎言性的东西。在这里，我无意探讨媚

俗的深层次内涵，只是想说明，很多媚俗者想要获得的，就是填充虚荣心的那份满足感。

身在世俗，就不可避免地会媚俗。我始终认为，没有哪个人能够真正地做到"反媚俗"。只是有的人偶尔媚俗，有的人无时无刻不在媚俗。而对于虚荣心比较强的女人们来说，一不小心就会掉进媚俗的陷阱。所以，在生活中，媚俗的女人是无处不在的。

仅从衣食住行方面来看，我们每个人的身边都会存在这样的女人：服饰和化妆必定要跟风流行，而且要周围的人都说好看，才会满意；选择餐馆必定是大家都认可、都喜欢、都说口味好的，吃过之后还不忘评价一番，而且要周围的人都认可她的评价，才会高兴；家里的装修必定是当前最流行的，新添置了什么物品，要拍照给同事朋友看，得到对方的称赞，才算圆满；买车必定要选多数人都喜欢的品牌和车型，买前要通报，买后要炫耀，要看到周围人羡慕的眼光，才会满足。

而从精神追求来看，媚俗的女人是必定会将物质放在首要位置。不管是赤裸裸的拜金，还是追求小资情调，都要以物质为基础。而后，要紧跟时尚流行风，听最流行的口水歌，看最卖座的商业大片，买最火的书和杂志，谈论最流行的话题。要时刻走在时代的前沿，做小圈子里的风向标。我朋友的办公室里就有这样一个女人，每天都要谈论房子、车子、股票和网络最新的新鲜事，QQ和 MSN 的签名是网上最新的流行词汇和句子，看书要看大热的畅销书，听歌要听最新的专辑。其他人之间的闲谈，十有八九她会立刻加入，表现出无所不知的样子。而一说起专业性的问题，她就开始随大流，或者能躲就躲。私下里，办公室的人都认为，她在媚俗方面的领先程度在公司绝对是所向披靡的。如果单纯是为了娱乐，大家都愿意满足一下她的虚荣心。可一旦到了正经做事的时候，便没有人会再迁就她。这不能不说是一种悲哀。

也许有的女人会觉得媚俗没有什么不好。既然人都不能免俗，那又为什么不能媚俗呢？可我觉得，不免俗并不见得一定要媚俗。人生在世，完全可以按照自己的意愿选择各种各样的生活方式和喜好。只要不是一副不食人间烟火的态度和追求，就还是俗人一个。但俗人，却未必一定要做那些媚俗的事儿。如果办公室里的女人们在谈论某档台湾综艺节目，而你刚好没听说过或者不喜欢，你会不会直截了当地告诉她们"我不知道"或者"这节目一点儿也不好看"？不媚俗其实就这么简单。可能她们会嘲笑你的孤陋寡闻，可能你没办法再加入类似的话题，但这又有什么关系呢？人不是走到哪里都要有人关注的。建立自己的空间，并适当维护自己的空间，才是根本。如果你因此而拼命补课，甚至比她们看得更多，以此向她们说明或炫耀自己的博学，她们不过也就是递上几句赞美的话语。就算你在她们中间是最出众的，无非就是落得个"喜欢综艺节目"的名头，根本就没有任何意义。

还有的女人，喜欢谈"钱"，美其名曰"现实"、"直接"、"痛快"。在她们看来，每个人心里都在想"钱"，与其闷在心里装作不在乎，不如直接说出来，显得实在。但我想，她们可能没有意识到，并不是每个人都那么看重钱。有时候，闲聊中的牢骚或抱怨，只不过是茶余饭后的消遣，是一种媚俗的自娱自乐，并不当真。而她们必定是将"钱"当作自己所追求的一切。

一个男性朋友曾向我讲述他遇到过的一个"不可思议"的女孩。他说，我们认识没多久，她就和我讲，说我的条件并不是她遇到过的最好的，又说自己有很多习惯，比如每天都要吃新鲜的进口水果，要喝酸奶之类，说如果养不起她的男人，就最好别靠近。我说那你和我在一起是为什么？她说，我觉得你挺好的啊。我反问，你不是觉得我养不起你吗？她笑，说，我没有这样的意思，我就是想提醒你，让你努力一些。我又问，那如果现在有个你见过的条件最好的男人追你呢？她愣了半天，一个字也没说出来。后来我们没在一起了，我觉得这样的女人很可怕，钱是泡沫化的东西，虽然人不能没有钱，但追求"有钱"是没止境的，人外有人嘛。这样的女人，你和她在一起就像是在做交易。有钱人能满足她的虚荣心吗？那就把她留给那些款爷好了。

我们都曾见过那些飘拂在广场上空的泡泡，它们在阳光下闪耀着五彩斑斓的颜色，但只需轻轻碰触便不复存在。女人的媚俗换回的那一点点虚荣的光环同样如此，不过是供人娱乐的消遣而已，即使受到再多关注，也都是暂时的。真正懂得展现美丽，真正有内涵的女人，是不会选择媚俗的。做真实的自己，便是最好的方式。

# 逃出虚荣心的束缚，做洒脱的女人

聪明的女人应该明白，什么时候可以小小地满足一下自己的虚荣心，什么时候应该遏制自己过度的虚荣心，才能游刃有余地驾驭自己的生活。

虽然虚荣能为女人带来愉悦，能调节女人单调乏味的生活。虽然虚荣让女人追求美丽，追求浪漫，追求精致的生活。虽然一点都不虚荣的女人，毫不关心自己的形象和生活状态，生命里总是缺少了那么点儿乐趣和阳光。但我们仍然随时都要告诫自己，不要过分、盲目地追求虚荣。因为虚荣心太容易膨胀，不好好关注它的动向，就可能会在虚荣里毁了自己。聪明的女人应该明白，什么时候可以小小地满足一下自己的虚荣心，什么时候应该遏制自己过度的虚荣心，才能游刃有余地驾驭自己的生活。

学生时代，我们学过莫泊桑的《项链》。这部短篇小说流传了很多年，当初学习的时候，虽然可以明白其中的道理，但并未意识到这道理对自己来说有多重要。女主角玛蒂尔德因为一时的虚荣心借了朋友的项链，却因为不慎弄丢，而引发了她后半生的悲剧。为了还因自己的虚荣欠下的债，她已经不顾自己的形象，曾经的虚荣也被抛到了九霄云外。事实上，故事最大的悲剧并不是玛蒂尔德变成了粗俗不堪、辛勤劳作的女人，而是与她同样虚荣的朋友最后给她的沉重打击，使得她认清自己多年的努力，不过是为了一场虚幻的荣耀。

生活中，我也遇到过一次类似的事件。一个叫玲的女孩借了同学的一件白色衬衫，打算与一位多年未见的朋友约会。结果，两人吃饭时，玲不慎弄脏了衬衫的下摆。望着衣服上的大片污渍，玲差点儿没哭出声来。同学曾告诉她，这件衣服是某品牌的当季新款。她知道那个牌子的价钱，不是一般学生族能承受的。祸是自己惹的，就得自己承担。她知道那位同学平时心高气傲，有点小脾气，所以干脆也没告诉她，自己七拼八凑地借了几百元，去店里买了件新的还给了她。后来，她还因为那位同学穿起来一点也不珍惜的态度而暗自气愤。直到某天，这位同学和另一个朋友说起，打算将这件衬衫仍掉。玲终于忍不住问，这么贵的衣服怎么没穿几天就要扔掉。这位同学惊讶地看着她说，这衣服不过是从外贸小店花 30 块钱淘来的，本就打算只穿一季的。这句话无疑相当于晴天霹雳，重重地打击了玲的内心。她问，可你借给我的时候说这是名牌的。这位同学眨眨眼睛，辩解说，我偶尔也会小小地虚荣一下嘛。再说，这么说也是为了让你穿得仔细点儿。

尽管几百元的损失对于玲来说并不那么致命，但任谁遇到这种事情，都会觉得难以接受。"说到底，大家都很虚荣。"玲后来对我说，"如果当时我不是想在老朋友面前炫耀一番，就不会借同学的衣服。其实，我家里很多衣服都比她的要好。只是临时要用，没法回去拿。之后我想了很久，觉得也不能怪她，其实我们都一样。以后我不会再干这样的傻事了，就算虚荣也得有个度。"

被虚荣伤过的人，总会要想办法抵御虚荣。即使不能消除，那么至少也可以让自己量力而行。那么，有什么办法可以抑制膨胀的虚荣心呢？有几点不妨一试。

首先，尽可能抑制自己的攀比心理。不要总期望自己处处都比别人强，不要在任何一个圈子里都想要表现得出众。要知道人无完人的道理，你在某一方面不比别人优越，并不代表你在另一方面一定比别人差。不要凡事都想争先，盲目地攀比会引发虚荣心的无限泛滥。

其次，要培养自己高贵的人格。拥有高贵的人格并不是要做那种清高自傲的人，更不是目中无人的态度。高贵的人格能够让人坚定地走自己的路，不会人云亦云，不会跟风媚俗。拥有了属于自己的内心世界和追求，就不会被一点小小的虚荣心打败。

再次，要追求优雅的美、有品位的美、有内涵的美。要明白，女人真正的美并不只是停留在表面。只看到表面，不注重内在的女人是非常肤浅的。也只有这类女人才需要拼命证明自己的存在。那些真正美丽的女人，不需要炫耀，就可以轻易地脱颖而出。因为内在的品质是无论如何都无法伪装的，当然也不会为了满足自己的虚荣而活着。比如，一个喜欢阅读的女人，是不会有高谈阔论的习惯的。她不会将所谓的学问挂在嘴边，但是人们可以从她的言谈举止得到答案。

能够逃脱虚荣束缚的女人是洒脱的、自由的。活在这个世界，不为现实中的争斗所累，可以安心做自己喜欢的事，安心走自己喜欢的路，这是一件多么幸福的事情。与虚荣带来的短暂满足相比，长久地随性生活是多么值得追求。

　　爱慕虚荣是女人的通病。没有哪个女人不喜欢收集旁人羡慕的眼光和赞美之词。可女人过分追求虚荣，是要付出很大代价的。因为你说一句谎话，就要靠十句谎话来圆；一次的强撑面子，就要次次把面子工程做足。这其中的辛苦滋味恐怕只有自己才能体会。不如放弃这些虚假的荣名，还自己一个轻松自在的空间。

# 第 6 章

# "淡"在自负之外：
## 别把自己不当回事，也别把自己太当回事

　　那些在众星捧月的环境下长大的"公主"，那些有了一定的资历或经济基础的女人，都难免会自恋、自负。心甘情愿保持低调的女人并不多，小时候做惯了"公主"的女人，长大了都想当"女王"。但就算你有当"女王"的资本，也千万别以为自己真的无所不知、无所不能。

# 自以为是是女人的大忌

一个自以为是的女人是很难在某个圈子里立足的，除非她身边都是同样的人。没有哪个人愿意容忍一个高傲、无知、自大的女人。

自以为是，总以为自己是正确的，不接受他人的意见，主观，一意孤行，刚愎自用，抱有如此态度的人，从来都是不讨人喜欢的。古人说，三人行必有我师。一个人可以不够谦虚，但不能太过执迷不悟。特别是女人，总是为一些小事盲目地坚持自己的意见，或者自以为很漂亮很可爱，做作得不行。莎士比亚的作品《哈姆雷特》中的丹麦王子曾指责女人："上帝给你们一张脸，你们又造一个，扭扭捏捏，娇声娇气……"数年后，的确有很多女人热衷为自己制作另一张脸。明明不够时尚，却觉得自己的装扮比周围的人都潮流。明明不够聪明，却觉得自己的脑袋比周围的人都快。明明不够博学，却觉得自己比周围的人懂得要多得多。她们精心装扮自己光鲜的一面，沉浸在自以为是的陶醉中，浑然不知这种恶习会带来多少负面的影响。

凡是自以为是的女人，多少都是有点资本的。长相漂亮的，家庭条件优越的，长久地被人宠着的，都容易养成不把周围人放在眼里的心态。特别是从小就身处此类环境的女人，习惯了自己的出众，便觉得自己在任何圈子里都应该是别人的榜样。然而她们并未意识到，如果自己没有达到应有的高度，自以为是就只能更加暴露她们的无知和自负。

有人说，女人的自以为是大抵分为两种：一种是固执己见型的，不管在什么情况下，都是只相信自己，不相信别人，即使做错了，也绝不想认错。另一种是变脸型的，如果发觉事实与自己说的不相符，立刻就会换一个说法自圆其说，并一再夸大自己说的正确的那部分。不管是何种类型，这类女人都只会认为自己说什么、做什么都是正确的，并且总是喜欢挑别人的错误来表现自己有多聪明。在生活中，她们自然也都是极不受欢迎的。

在我还未遇见过自以为是的女人之前，一个朋友曾向我诉苦，说公司的部门领导是个很自以为是的女人。不懂专业，却喜欢指手画脚。部门里大大小小的事情，她都必须亲自过问，过问之后都必须改掉别人的意见，强制别人采用她的意见。折磨得整个部门的员工心力交瘁。每次按照她的意见修改方案，都会被经理否定。然后她就摆出一堆理由为自己开脱，说下属没能领会她的意思之类，把责任尽可能地推到别人身上。后来他们实在忍无可忍，只好联名找到老总，才总算将她请走。经历了这一阶段的痛苦之后，我朋友发誓说自己这辈子再也不要与自以为是的女人共事。如果再遇到，他宁可争个鱼死网破，哪怕辞职都在所不惜。那时候，我只是当成故事来听，却并没有真的相信自以为是的女人有多可怕。

后来，我在工作和生活中，也遇到了很多自以为是的女人。她们与学校里那种仰着头看人的高傲女孩不同，她们偶尔可以很诚恳地与人讲话，但却是抱着一种自以为是的态度。有时候，她们的自以为是已经不是刻意为之，而是融化在了性格里，成了一种习惯。当然，也有那种很张狂的类型，可以当着很多人的面赤裸裸地给自己的脸上贴金。但是多数有点脑筋的女人，还是会选择表面的低调。

初入职场时，办公室有一个女孩，据说和老总有那么点儿亲戚关系。相貌还算清新，为人也很圆滑，待人很客气，很会讲话，办事也利索。因而我对她的第一印象还是挺不错的。随着接触的逐渐深入，我发觉她总喜欢有意无意地显示自己，与别人意见不一致的时候也总是固执地坚持自己的意见。比如，办公室里的几个同事闲聊，不管大家说起什么话题，她都会主动加入，并且以懂行人的身份指导大家。开始，大家都觉得她见多识广，衣食住行的各个方面，没有她不懂的。可某次，在谈起某款汽车的时候，却被行家揭穿了伪装。在她大谈该款车性能的时候，另一个原本保持沉默的女孩忽然打断了她的话，并指出她说的根本就不是这款车。为了不伤害她的自尊心，女孩只是礼貌地问，你是不是记错了？她不但丝毫不领情，还坚信自己绝对没错。"我怎么可能记错呢？"她说，"我对汽车挺在行的，在女人里也算是少有的了。"对方只是不屑地说了句"我老公就是代理这款车的"，就走开了。

从此，其他人都明白了，这女人不仅虚伪，还特别自以为是。而她自己，似乎并没有将这次事件当回事，仍然我行我素。在与别人共同完成一份工作的时候，她必定要做出主导和指挥别人的姿态。领导安排工作时，她必定要做出一副只有她才能正确领会领导意思的态度。几个人凑在一起闲侃时，她说出的话，必定是要比别人专业的。但几乎所有人，都学会了尽可能无视她的存在。只有不得不与她打交道的时候，才会公事公办。私下里，不管是男人还是女人，都对她的自以为是抱着一种嗤之以鼻的态度。

一个自以为是的女人是很难在某个圈子里立足的，除非她身边都是同样的人。没有哪个人愿意容忍一个高傲、无知、自大的女人。这样的女人不仅不能带给人尊重、友善和真诚的感觉，还常常会说错话、做错事，并且不承认自己的错误，如此便会给整个团队带来麻烦。至于那些一言一行都表现出对旁人不屑一顾的那种女人，或者觉得自己手中的任何东西都比别人要好的女人，根本就没有结识或者做朋友的价值。

自以为是是女人的大忌。它可以腐蚀女人的大脑，让女人原本就容易膨胀的虚荣心更加严重。它可以破坏女人的形象，不管多么美丽的女人，一旦染上自以为是的恶习，就只能让人敬而远之。它还可以在女人的人生之路上制造越来越多的麻烦，很多女人正是因为太过自以为是，做出了永远也无法挽回的事，付出了沉重的代价。所以，女人可以自信，但千万别自以为是，它对女人来说真的是有百害而无一利的。

# 漂亮与聪明都不是自负的资本

> 将自己摆在低调的位置，多想想自己的不足，保持平和、淡定的心态，才能看得更高，走得更远。

漂亮与聪明，是女人身上最宝贵的两种特质之一。一个漂亮的女人，或者一个聪明的女人，都是令人羡慕的。然而，漂亮或者聪明的女人一旦与自负有染，那么所有的特质的价值都将大打折扣。自以为是的美丽并不是真正的美丽，自以为是的聪明也不过只是某一方面的小聪明。一个仅仅因为自己有一点过人之处就自以为是的女人，必然是缺乏内涵的。

自古至今，漂亮女人都是最容易自以为是的。因为在男人占有明显优势的社会，漂亮是女人最直接的利器。虽然，人们常说不能以貌取人，但人与人之间的第一印象总是通过容貌留下的，这是不争的事实。容貌美丽的女人总是更容易获得男人的青睐，也就更容易获得出人头地的机会。所以，漂亮女人天生就有一种优越感。而这种优越感，很容易使女人形成自负的态度。

时常在公共场所遇到外表靓丽的女人，装扮精致，暗暗留心身边人对她的态度。如果发觉有人无视她，就会刻意做点什么引起别人的注意。有一次，在车站遇到过此类女人。站在人群中特别出众，周围的人纷纷侧目。她自己一副得意的样子，故意靠近路边站着。我走过去的时候一眼就看到她，但是并没有表现出羡慕的样子。只是默默地找了人群边缘的角落站着。她或许是觉得自己被忽视了，斜过眼睛望了我几次。我装作没看见，不以为然。过了一会儿，她掏出手机，开始打电话。边讲电话，边在附近来来回回地走。我继续装作没看见，走到离她远一点的位置。最终，她挂了电话，迅速拦了一辆出租车走掉了。我在心里笑了笑，觉得这样的女人很无趣。

从一开始，我就看出她是那种很自负的女人。说话时，头微微仰起；看人时，自然地流露出不屑。虽然年轻漂亮，却并没有太多青春的纯洁气息，脂粉气很重。说话嗲声嗲气，做作得很。大概从小因为容貌或家世的关系，被宠坏了。其实，不过是漂亮而已，又有什么值得炫耀、值得自负的呢？以前常和朋友说起，现在这个时代，长相漂亮，身材又好的女人，到处都是。就算不是天生的，至少还可以后天修整。反倒是不漂亮的女人更珍贵些，未来，也许会大兴丑女之道呢。所以说，尽管容貌漂亮的女人养眼一些，会受到更多关注，但最多也就是被人多看几眼而已。将自己摆在花瓶的位置，是不值得沾沾自喜的。

那么，聪明的女人又如何呢。有句话说："能够说得出的痛苦便不是痛苦。"我想套用这句话的形式说一句："能够被炫耀的聪明便不是聪明。"人们常常用精明、心眼多，来形容那些自认为聪明的女人。因为在很多人眼中，女人是很难有大智慧的。因为女人的小心思多，喜欢斤斤计较，所以只要精明、有心眼、不吃亏，就算是聪明了。可这样的聪明，却谈不上智慧，当然也用不着当回事。然而，有些女人，偏偏觉得自己很聪明，拥有过人的智慧，时刻都要摆出高人一等的态度，遇事会盲目相信自己的头脑。

某次逛街的时候，在小店偶遇两个女人。其中一个看似很精明，在帮另一个选衣服，讲价钱。店主是个很有个性的女孩儿，并不热情，反倒有点冷冷的，就像一个旁观者，在看着两个女人演戏。那个自认聪明的女人不停地宣传着自己的理念，从款式、布料，到气质，都说得很专业。当然，也不忘提及衣服的缺陷。最后结账时，女人拼命地找理由帮朋友砍价，店主倒也不生气，只说，你真聪明，挺会说理的。于是，两个女人买了单，开心地走了。我望着两个女人的背影笑了一下，回头刚好与店主的眼神相遇。因我们平日有点交情，她便和我说了几句。"这类女人我见得多了。"她说，"你看，她们其实很喜欢这些衣服，但故意装作可买可不买的样子，还要自作聪明地砍价。其实，我卖给她们的价格，和卖给其他人也差不多。不是故意欺骗她们，只是为了维护自己。不然，这种自负的人，既不好说话，又得寸进尺。"我表示同意："的确。自负的人喜欢以自我为中心，不顺着她们，就不好办事。"

我其实还想说，真正聪明的女孩是店主。出来做生意，没有人会愿意与顾客过不去，但又总是会遇到很麻烦的客人。而这个女孩，恰到好处地满足了一个女人的自负心态。我想，这个女人一定会向朋友炫耀自己如何聪明，成功降服了一个看上去另类还有点高傲的掌柜，带回了价格低廉的衣服。而事实上，她并没有占什么便宜，交易仍然在掌柜的控制范围内。

拥有一点儿小聪明实在没有什么值得自负的。这个世界上并不缺少小聪明的人，除了那种天性愚钝的人之外，每个人都多多少少有自己的精明之处。所以不要觉得自己在某些方面表现得很聪明，就得意忘形。"山外有山，人外有人"这几个字，虽然很简单，但道理也很实际。如果你认为自己很聪明，并且总是想把这种聪明露出来给人看，必然会受到无形的打击。或者在与人的对抗中品尝失败的滋味，或者令身边的人敬而远之。不管是男人还是女人，没有人会喜欢自己身边有一个自作聪明的自负女人。因为这类女人在多数情况下不会将别人放在眼里，不懂得尊重别人，还因为这类女人更容易做出一些愚蠢的事儿。与那些放低姿态，认真、细致做事的女人相比，自负的女人永远都毫无畏惧、勇往直前，越是告诉她要小心，她却偏要做给你看。最终结果，往往只能是一团糟。

身为女人，我们不能太过看重自己的特质。不管是漂亮还是聪明，都不能作为自负的资本。这个世界上有太多女人，也有太多漂亮或聪明的女人。将自己摆在低调的位置，多想想自己的不足，保持平和、淡定的心态，才能看得更高，走得更远。

# 轻视别人的代价，你付不起

清高并不代表可以随意地轻视别人，要明白，轻视别人就是抛弃了自己原本的高贵。不尊重别人的人，是没有资格受到尊重的。

太过看高自己的人，难免会轻视别人，尤其是面对那些明显比不上自己的人，这是人性使然。就像强者在面对弱者的时候，不管是强行压制，还是抱有同情，内心深处都难免会轻视对方。所以，拥有明显优势和特质的人总是站在高处，一副高处不胜寒的样子。曲高必然和寡，可真正能够攀上顶峰的人终究只是极少数。多数人仍然置身世俗，体味着世俗的柴米油盐、鸡毛蒜皮的生活，但却容易在拥有特长的时候萌生自负的情绪。

每个人都希望被关注，希望自己能够在人群中表现得突出，这本是无可厚非的事情。然而如果不能很好地掌控自己，一味地以自我为中心，只能令旁人感到反感或厌恶。当然，也很容易让自己付出巨大的代价，因为优势很多时候并不会带来正面的结果。或许我们都听说过那个关于沙丁鱼和鲸鱼的故事，鲸鱼吃不掉沙丁鱼，正是因为它引以为傲的巨大身体。只要沙丁鱼游向岸边，鲸鱼就容易在毫无知觉的情况下搁浅在沙滩。所以，尽管从体型来看，鲸鱼轻易就能吃掉沙丁鱼，但现实往往会是另一种结果。而人与人之间的竞争也是同样，如果因为自己的优势而不把别人放在眼里，就可能会距离失败越来越近。自古至今，很多争斗都是轻视的一方付出了惨痛的代价。轻视对方，便看不到对方的优势，更意识不到对方的潜能。一旦真的相争起来，自然是要吃大亏的。而生活中的竞争无处不在。在别人都生怕自己的优势不足以在竞争中立足的时候，如果你还沉浸在轻视别人实力的幻觉中，那就真有点儿危险了。

曾有一个高傲的设计师，从来都对自己的作品很有自信，也的确获得过一些成绩。于是，她习惯对身边的同行不屑一顾。某次，老板接了个价值很高的项目，让每个设计师出一份设计，谁的作品能够被录用，就能得到一笔可观的提成。其他设计师都加班加点，反复琢磨客户的要求和喜好，一遍又一遍地修改自己的作品，直到自己认为已经做到最好。而她却认为，他们的努力很可笑，根本就没有用，只要有自己在，这份提成谁都得不到。一周后，她将自己只用了一个晚上就完成的作品，放在了老板的案头。最终，她并没有在这次竞争中获得胜利。老板告诉她，她的作品是第三个被否定的。"虽然你有才华和天分，但如果不认真去完成一件事，也不会获得好结果的。"老板说，"看得出你的作品没有花费太多时间，尽管也有亮点，但很难出众。也许对其他人来说，短时间完成你这样水平的作品是不太可能的，但只有付出的人，才有资格得到更多。这是我希望你能够明白的道理。"

一次轻视，也许只会损失一些金钱或机会。只要能接受教训，就还有继续发展的空间。特别是对于有一定才华和实力的人来说，未来的走向多数情况下是由自己的态度决定的。越是比别人强，就越要有自我掌控的能力。如果只是一味地让自己的自负不断膨胀，就只有接受失败的结局。

还有一种轻视，几乎是致命的。它存在于那些只懂得纸上谈兵，却没有丝毫动手能力的人。没有过人的天赋，也没有丰富的经验，有的只是一颗轻视工作或旁人的心，这样的人注定一事无成，也不会给人留下好印象，就像那些动不动就号称自己毕业于某名牌大学，却在工作中错误百出，还不肯承认的人。别以为这样的人是少数的，在我们的一生中总要遇到几个的。回想一下，也许你自己当初还差一点变成这种样子呢。总会有那么一些时候，你觉得自己比别人强，那种优越感使你忘记了自己的真实能力，即使明知道自己的失误，也不肯低头认错。可不认错，就会再犯错。一错而再错，就会付出相当惨痛的代价了。

工作中，我们会遇到那种明明不比旁人的职位高，却是一副颐指气使模样的女人，俨然一个公主或王后，认为自己出身于有地位的家庭，或者接受过良好的教育，就看不上比自己学历低的前辈，或者看轻出身平凡家庭的同事。接到工作任务的时候，她们也是雄心勃勃，抱着浮躁的心态，只管按自己的想法去做，即使出错，也不以为然。一个朋友曾向我抱怨，说他的公司里有一个很令人头痛的女孩。招聘的时候看中了她的学历和专业，为了让她同意就职于自己的这个默默无闻的小公司，还着实花了些心思，也开出了比较高的条件。没想到，女孩工作之后，将自己摆在了比较高的位置。把周围的同事全都不放在眼里，甚至连自己的领导都不能认同。不管什么事，都要先坚持自己的意见。朋友在几个项目上采纳了她的意见，结果一团糟。她竟然还觉得自己出错是正常的，因为没有足够的经验。我朋友提及她的时候，总是苦笑："明明是她自己不能适应这个行业，还摆出各种理由为自己开脱。我本想好好培养她，既然她看不上我们这样的公司，就算了。"后来，我朋友一直对高学历的人有阴影，就聘了一位谦虚谨慎的聪明女孩做助手。两年之后，女孩就能独当一面了。最后，朋友总结出一点：轻视别人的女孩真的是要不得的。

或许，女孩总是容易清高自傲的。有的家庭甚至会刻意教育女孩要表现出高姿态，不能有卑微的心态。这无非是保护女孩的一种方式，不想让自己家的女孩在外面吃亏。可些许的清高并不代表可以随意地轻视别人，要明白，轻视别人就是抛弃了自己原本的高贵。不尊重别人的人，是没有资格受到尊重的。不是吗？没有人愿意面对轻视自己的人，并给他帮助。所以，如果你还想在这个世界好好地生活下去，还想拥有更多人的帮助，还想赢得一份美好的前程，就不能有一丝轻视别人的态度。没有人能够完全孤立地活在这个世界上，轻视别人的代价，你真的付不起。

# 傲慢不是吸引别人目光的手段

**傲慢并不是吸引别人目光的手段。因为越是傲慢，就越展现出自己的无知和内心的脆弱。**

很多时候，女人喜欢以一种傲慢的态度待人。尤其是当她们需要被关注的时候，会刻意显现出目中无人的态度。如果说，少许的傲慢带着一点点可爱，还可以被容忍，可以被原谅的话，那么肆无忌惮的傲慢就只能令人生厌。巴尔扎克说："傲慢是一种得不到支持的尊严。"越是想要被尊重，越是想要保持尊严，就越发要克制傲慢的心态。而那些为了吸引眼球引发的傲慢，只能算是无聊的小心思作祟，不能带来任何尊严。

有句话说："无知者无畏。"这句话在傲慢的人身上能够得到很好的体现。一个无知的人只想表现自己的时候，那种傲慢的态度可以发挥得淋漓尽致。这就是为何有时我们会觉得身边的某个女人很"敢说"，也很"敢做"。不管自己是不是真的了解，不管自己是不是真的拥有高高在上的资本，只是想要将别人狠狠地打压下去。

多年前，听一位同学讲述他的种种相亲经历。其中，让他记忆犹新的，是一位故作傲慢的女孩。两人初见，女孩就显露出不可一世的态度。晚饭的地点、食物、两人的谈话内容，几乎全部都是女孩一个人主导，不容他有反对的意见。其间，女孩谈及自己、家庭环境、成长经历，都是极其骄傲的。男孩很反感，又年轻气盛，找了个机会一通抢白，说得女孩无法喘息，颜面扫地。后来随着阅历的增长，他便看淡了这些人和事。"那时候真的挺不理解的，不知道为什么一个普普通通的女孩非得把自己说成高贵的公主。当时我就想，如果我真的找了这么个傲慢的女朋友，还不知道得面对多少麻烦。"朋友说，"后来我又遇到过几个这样的女孩，很受不了，但又因为公事不得不接触，慢慢也就学会应对了，当然绝对不深交。其实，我觉得这种女孩的想法挺简单的，就是想引起别人的注意而已，不过方式欠妥罢了。"

还有的女孩喜欢在别人面前对男朋友表现出傲慢的态度，指挥男友做这做那，看着男友在身边忙忙碌碌、恭恭敬敬，心里就美滋滋的。可在别人眼中，无非就是一个没出息的男人哄着一个娇小姐过家家而已。还能有什么别的想法吗？对于女孩来说，她应该选择一个男孩和自己在一起恋爱，而不应该选择一个"男仆"来满足自己的高傲。如果想要做一点什么吸引别人的注意，至少不要拿自己心爱的人做道具。如若不然，只会让旁人看笑话而已。

我身边曾存在过这样一个女孩，只要在办公室给男友打电话，态度必然是傲慢的。必须做到她说的事，不容男友有半点抵抗。每次她在办公室讲电话，都像在进行一场战争，我们都为听筒那边的男孩感到汗颜。我甚至不知道，如果有一天他来办公室找她，是否会觉得难为情。因为公司所有的人都知道女孩对他的态度，而他一再忍让，没有任何反抗的机会。后来，女孩的男友真的来过几次，当然，女孩也会当着我们的面给他难看。比如，命令他去洗手间帮她洗杯子，收拾办公桌，打扫橱柜，等等。男孩总是默默地做，没有怨言。同事们会开玩笑说，你看人家的男朋友，多好。或者说，你可真不得了，把男朋友教育得这么听话。女孩听着很受用，男孩却不然。所以最终，他们还是没能在一起。

其实私下里，我们并没有觉得女孩很厉害、很出众，反而觉得她的做法有点太做作，而那个男孩找了这样一个女朋友，实在是很大的失败。一个在别人面前不够尊重他的女人，怎么能成为相伴的人呢。一个年轻女孩，喜欢在身处的环境中凸显自己，这样的心态是可以理解的。很多女孩都会有这样的想法，有的精心装扮，有的努力工作，有的喜欢闲谈装博学，有的喜欢发嗲扮纯情，这些都无伤大雅。唯有故作傲慢折磨自己男友的做法，是最难以容忍的。彼此两不相欠的人，因为感情走到一起，没有高低贵贱之分。再高贵的女孩，也没有要求男孩低声下气、唯唯诺诺的资格。而身为男孩，又怎么会长久地容忍这样的女孩来折磨自己。所以，这样的傲慢根本就毫无意义。

有的女人也会在同类面前表现出傲慢的态度，因为想要让自己脱颖而出。尤其是那些拥有了某一点优势或者职位的女人，在面对那些比不上自己的女人时，会不自觉地用别人做陪衬，趁机抬高自己。某次，参加饭局。在场的人比较多，男女各半。彼此间相互介绍之后，高调的女人就显出来了。她是一家都市小报的记者，与其他普通公司职员相比，显得个性一些。于是，她便开始大谈自己的工作和经历。有几个好奇的女人很感兴趣，凑过去听，她就更起劲，俨然一个傲慢的演说家，完全不把其他女人放在眼里。看样子，她很享受周围男士共同关注的眼光。间或，不知有谁小声说了一句"骄傲是无知的产物"。声音虽然不大，但所有人都听得真切，场面顿时安静了几秒钟。开口为其他女人们打抱不平的，是一位男人。或许这个男人的话刺伤了那个傲慢女人的心，从这以后，她再也没有开口说话。

女人们都应该明白，傲慢并不是吸引别人目光的手段。因为越是傲慢，就越展现出自己的无知和内心的脆弱。如果保持沉默，也许别人不会看出你的底细；如果硬要装作博学多才的样子，反倒更容易被别人窥探你的真实水平。所以，傲慢的态度丝毫不能起到正面的作用。聪明的女人懂得如何恰到好处地表现自己，是不会盲目地选择傲慢的。

# 退一步,将自负变成自信

**自信的人能够运筹帷幄，决胜于千里之外；而自负的人只能在自以为是的态度中，毁掉自己的前程。**

一个人，能够正确认识自己的能力，能够通过思维恰当地判断事物的本质和真相，并相信自己能够做好分内的事，这个人便是自信的。一个人，盲目地高估自己的能力，仅通过表象认识和判断事物，最终的结果往往与预想的相距甚远，甚至是截然相反的，这个人便是自负的。

自信的人能够运筹帷幄，决胜于千里之外；而自负的人只能在自以为是的态度中，毁掉自己的前程。纵观历史，有很多因自信而成名的人，也有很多因自负而"成名"的人。自信的人胜得豪迈，胜得荡气回肠；自负的人败得惨痛，败得落花流水。生活中，虽然没有那么多惊天动地的大事，也没有命悬一线的战争，但我们仍然需要学会以自信的态度做人、做事，才能在人生之路上获得更多光辉灿烂的时刻。

有人说，自信和自负是很难区分的，两者只有一墙之隔。的确，有时候，自信的人流露出的态度，会让人误以为他是自负的，我也曾误解过旁人的态度。但仔细想想，自信和自负却又并不难区分。

自信的人是拥有自知之明的，能够客观、冷静地看待自己，知道自己的优势，并承认自己的劣势，以良好的心态面对自己的综合能力。这类人善于修正自己的不足，能够不断地自我完善和发展，并不会为自己犯下的错误寻找借口。而自负的人则是没有自知之明的，盲目地相信自己的能力，既狂妄又肤浅，轻易就会听信别人的恭维，在别人刻意的逢迎中失去方向，认为自己无所不能。由此可见，自信与自负虽然是比邻而居的，但表现出的形式和态度是完全不同的。

生活给了我们太多的挑战，每个人都会在人生之路上面临种种坎坷和考验。想要战胜它们，走得平稳些，就要时刻提醒自己抛弃自负的心态，学会在获得任何成绩和成果的时候，及时阻止内心的膨胀情绪，保护好内心的那份自信。

学生时代，我们常面临各种考试和升学的压力。每次获得好成绩，长辈们都会提醒我们不要骄傲，不要因为一次的成功而失去动力和方向。可我们偶尔还是会在同学的羡慕和老师的赞赏中迷失自己。直到失败，才又重新回到过去的心态，脚踏实地地勤奋努力。那时候心智尚不成熟，有些道理虽然是懂得的，但终究没办法很好地控制自己。离开学校之后，很多事都变得不一样了。我们没有太多的时间和机会去修正自己的失误，一次自负就可能会付出巨大的代价。所以，必须有成熟的、平和的心态，做自信但不自负的女人。

听朋友说起过公司里的一个故事。一个资历比较深的女人，在公司多年，从一个初出茅庐的女孩，渐渐成为市场部的重要角色。同事们都对她钦佩不已，领导也将她作为高层的培养对象。这原本是件可喜的事情，然而这个女人却在顺境中变得自负起来。很多需要团队沟通和协调才能解决的问题，她总会自作主张。很快，周围的人都察觉出她的变化，虽然也有些看不惯，但又不好妄加评判。某次，市场部要为新产品策划一次促销活动，活动的方案是她首先提出来的。部门会议上，很多人都认为这个方案欠妥，还有很多需要修改和完善的地方，可她却固执地坚持自己的意见，以一敌众，声称自己的方案绝对不会有问题。其他人争执无果，只能作罢。后来，在执行过程中，果真出了问题，促销的效果也远没有达到预期那样。领导追究下来，所有的责任都压在了她一个人身上。没有人愿意帮她，其他人都觉得这是一次打击她自负心态的好机会。最终，她只能接受降职、减薪、重新来过的结果。领导对她说，一个自负的人是不能攀上高峰的，如果你还想获得继续晋升的机会和资格，就必须重新培养自己的心态。

有一句很流行的话：高调做事，低调做人。所谓的"低调做人"，就是要放低自己的姿态，认清自己的位置和能力，不能因为一点小成绩就认为自己无所不知、无所不能。女人容易因各种各样的理由自负，只要自己身上有一方面比较突出的优势，就会忘乎所以。漂亮的女人因容貌自负，聪明的女人因头脑自负，家世出众的女人因背景自负。如果说，这些优势原本能够帮助女人在人生之路上走得更加平坦，那么，当它们遇到自负，就显得那么不堪一击了。

假如，漂亮的女人认为自己的容貌可以带来想要的一切，就会迷失在对容貌的追求和盲目自大中，喜欢凭借容貌做事，不断地向周围的人索取。我想，每个人也许都曾遇到过蛮横、狂妄的女人，尤其是那些在公共场所卖弄霸道和无理的女人。说话可以肆无忌惮，做事可以毫无常理，却还要求别人的迁就和谅解。容貌是女人最不值得骄傲的资本，宝贵的青春和年华并不是用来炫耀、挥霍的。所以，因容貌而自负的女人，是最无知的。

假如，聪明的女人认为自己的头脑举世无双，就会过分相信自己的判断。虽然不至于凭借武断的想法做事，但也时常会因坚持了错误的判断而品尝失败的苦果。工作中，偶尔会遇到此类女人。你询问她某件事，她凭借自己的想法得出结论回答你。不查询，也不求证。如果你有异议，她便会说，我的脑筋肯定没问题，你放心好了。可事实上，她得出的结论并不正确。如果你将正确的结论摆在她面前，她或许还会百般抵赖，声称自己的脑子绝对没问题。当然，也许她确实很聪明，但聪明反被聪明误的事儿却是屡见不鲜的。因聪明而自负的女人，千万别忘了这个道理。

　　假如，家世出众的女人认为出身背景可以成为最坚硬的保护壳，就会以"公主"或"女王"自居。即使不学无术，即使一事无成，也要周围的人对她保持崇敬和羡慕的态度。这类女人无疑是最令人反感的。不管身处何地，她一定先要身边的人了解自己的家世，仿佛在说，我想得到什么都不成问题，你们根本就没法和我比。如果你显露出羡慕的态度，她就会沾沾自喜，要你迁就她，保护她，帮她做事。如果你抱着视而不见的态度，她就会耿耿于怀，定要找机会显示一下自己的优势。这样的女人总是不讨人喜欢的，要小心对待，或者干脆敬而远之。因家世出众而自负的女人，就让她活在自己的幻想世界里吧。

　　任何原因都不能成为自负的理由。当一个人看轻别人的时候，也是在贬低自己的人格。退一步，将自负变成自信，淡定地面对自己的优势，才能走得更加坚定、平稳。

# 第 7 章

# "淡"在得失之外：
## 越想得到越难得到，越怕失去越易失去

　　人们往往在"得"与"失"中纠缠，频繁地计算自己得到了多少，又失去了多少。竭尽全力想要在"得"与"失"之间找到平衡。然而，很多时候，正因为太过在乎，才会令自己迷失方向或者畏缩不前。看淡得失，才能卸下命运中的沉重枷锁，谁能说这一次的失去，不是为了下一次的得到呢？

# 在患得患失中迷失方向

人与人之间是平等的存在，不要因爱患得患失，更不要因利益患得患失。一旦走上了歧途，就会迷失在自己给自己设下的圈套里。

当我们面对很多人、很多事的时候，都会有一种"担心得不到，得到了又担心失去"的复杂心情。一件精致的物品、一份渴望的工作、一个心爱的人，都会令我们不知所措。但不管最终的结果是得到还是失去，都要保持一份释然的心态，如果一味地纠缠在得失的结果中，就会形成患得患失的心态。当前，我们身处残酷竞争的社会，生存的压力很大，于是会特别计较个人的得失。人人都想要自己的付出得到足够的回报，甚至是不劳而获，却又不想失去什么。整日忙于算计自己的所得与所失，生怕失去的比得到的多。可最终，又能够得到什么呢？

超市打折的时候，很多女人会争相购买折扣商品。看上去，买得越多，就能比平日节约更多的钱。比如，每件货品比平日降价 1 元，买 10 件就相当于节省了 10 元。当女人们大包小包走出超市，并为自己的精明感到得意的时候，几乎没有人能够意识到自己失去的东西。但当热情冷却的时候，也许女人们总会发觉，购买的货品里包括了自己平日极少用到，或者原本并不在购买计划当中的东西。只好将它们堆存起来，想着总有一天会用到。可没过多久，也许女人们就又会加入另一家超市的促销活动中，再次重复同样的事情。如此一来，有些物品消耗得比较慢，所以越积越多，成了家里的负累。如果再有东西因为超过保质期而被迫扔掉，那之前的采购所得，实际上就已经不复存在了。于是为了物尽其用，要煞费脑筋地时刻留心家中存货的情况，避免过期扔掉。如此患得患失的结果就是什么都没得到。所以，人们常说算计小钱的女人常常是得不偿失的。因为太想占人家的小便宜，而忽略了自己的所失，到头来只能竹篮打水一场空。

如果说，生活中的患得患失还不会造成太大的影响，那么职场中患得患失的人就不会如此轻松了。所谓"熙熙攘攘为名利，时时刻刻忙算计"，那些为了生存在职场竞争和打拼的人其实是很痛苦的。身为女人，在纷繁复杂的职场并不占优势，所以要想尽办法为自己赢得优势，得到之后又害怕失去，时刻留意身边人的动向，看准下一步的台阶，生怕别人捷足先登。这种心态令自己感到疲惫，也无法为自己换回更多。

身边曾有一女性朋友，为了升职加薪，花费了整整两年时间。其间，不断地权衡自己的得失，一路上走得小心翼翼。每天都在计算自己为了目标又迈进了多少，获得了多少资历和机会，同时也在害怕失去现有的资源和优势。结果，养成了一种挑剔的工作习惯。领导分派的任务，她觉得对自己有帮助的，才会积极去完成。而那些她觉得没有多少作用的事，便应付了事。有好几次，在她认为并不那么重要的事情上犯了错，被领导逮了个正着。于是，升职加薪的事自然也就没了期限。后来，我劝她不如放下这些包袱，只顾专心向前走，认真对待所有分内的事。她渐渐改变了做事方式和态度，也就自然获得了实现目标的机会。

还有的女人，认不清自己所擅长做的事，时下流行什么，或者什么能赚更多的钱，就想做什么。身边的朋友开店赚了钱，她也想开店；身边的朋友做市场，她也想从文职转为市场；身边的朋友考公务员，她也拼命去考。总之，眼光始终停留在那些小有成绩的人身上，却不曾考虑自己的性格或资本是否适合复制别人的路。盲目地选择自己的职业，结果往往会错误地选择了不适合自己的目标，白白走了很多冤枉路，还丢掉了自己的专业和特长。所以很多时候，越是想要得到，越容易失去。尽管职场中有许多功利存在，但患得患失的态度并不会让我们得到更多，反而容易失去自己的真实。

除职业之外，感情也是女人一生中最重要的选择。人们常说恋爱中的女人是傻瓜，置身感情中的女人，看不清自己所处的位置，无法分辨对方态度的真实性，也就更容易患得患失。尤其是当一个女人真的为此投入，会特别想要得到那个人，又会在得到之后害怕失去。因而，在得到的过程中，女人可以放低自己，想尽办法讨他的欢心，甚至不择手段也要将他留在身边。在得到之后，又会整日守候身旁，就好像留住他是自己生活最重要的部分，其他的一切都可以不管不顾。如此以来，很多感情中的矛盾也就应运而生了。最常见的便是女人的卑微、小气、敏感、多疑、捕风捉影，对身边的男人百依百顺，死死抓住不放，一有风吹草动便草木皆兵。这样的女人，让男人如何承受。

很多男人在选择分手时，会说是女人的爱太沉重，给了他无法承受的压力。而这份压力，正是女人的患得患失所造成的。感情很脆弱，禁不起太多的推敲和考验。有句话说，不要考验爱情，因为爱情是经不起考验的。太在乎得失，内心就没有安全感。可如果想要找回安全感，并不是要求那个人该做到什么，而是要放下自己的那份执念。如若不然，便很容易做出一些偏激的事情。也许有时候，不过是为了试探那个人的真心。然而真心如此宝贵，又怎么容得下随意试探。考量得多了，真心也会变荒芜，就像你反复地对一个人表达"我爱你"，说得多了，听的人就会越来越麻木。

还有的女人将感情放在最不重要的位置，美其名曰"现实"，算计的都是男人的身份、地位、权势和金钱。将自己的付出与男人的给予画等号，想要获得更多利益，又不想付出太多。看似每一分都计算得很清楚，事实上根本就是血本无归。因为女人付出的常常是根本无法用金钱衡量的东西，就算没有付出真感情，可青春、精力和那份委身于人的卑微，难道不意味着高贵人格的失去吗？

虽然女人是偏于感性的动物，但仍然要学会在感情中保留一份理性。人与人之间是平等地存在，不要因爱患得患失，更不要因利益患得患失。一旦走上了歧途，就会迷失在自己给自己设下的圈套里。

世事如庭前花，花开花落；又如天边云，云舒云卷，何必患得患失，终日萦挂于怀呢？每个人都想拥有更多的东西，但所能得到的终究是有限的。如果过分看重得失，注定会在患得患失中迷失方向。

# 太过计较得失便得不偿失

很多事需要平和面对，不要枉费心机，该是你的就是你的，如若不该是你的，纵使不择手段争取到手，终究也会让你付出更大的代价。

喜欢计较得失的人，会千方百计地避免让自己吃亏，哪怕是一些鸡毛蒜皮的小事也要斤斤计较，却往往因小失大，捡了芝麻丢了西瓜。虽然得不偿失的事情每个人都会不小心做几件，但如果一个人的眼中只盯着自己的利益，养成了贪图蝇头小利的习惯，那么整个人生都将是得不偿失的。

古人说，难得糊涂。这简简单单的 4 个字里面，包含了很深的哲理。人活着，不能太计较。一分一毫都不放过，不仅自己过得很辛苦，也不会在别人身上赚得半分便宜。这也是为何有的人在别人身上机关算尽，却落得一场空。而有的人迷迷糊糊，不在乎得失是否平衡，却能过得潇洒自在的原因。没有人可以不劳而获，所以，很多事需要平和面对，不要枉费心机，该是你的就是你的，如若不该是你的，纵使不择手段争取到手，终究也会让你付出更大的代价。

作为凡人，混迹职场多年，需要靠自己的计划和努力才能逐步走到具有竞争力的位置。一旦某次昏了头，在得失间作了错误的选择，就有可能全盘皆输。苏珊是某家公司的精英，凭借出众的组织策划能力和写作能力，深得领导的信任。有一次，领导要求她做一份重要项目的策划。她用了整整 3 天的时间，才做出一份令自己满意的方案，可不幸的是电脑在这时突然发生了故障。经过专业检测，是硬盘出了问题，数据恢复需要几天的时间。方案第二天就要交，又没来得及保存进 U 盘，苏珊觉得很无助。她想过如实向领导汇报，但又觉得这样会影响自己在领导心目中的形象，以后再有这样的事，领导便不会再放心地交给自己。所以，她觉得自己还是应该尽量想一个补救的办法。那一瞬间，她记起自己两年前保存过的一个方案，经过修改应该也可以勉强交差。于是，她凭借对丢失的那份方案的记忆，利用之前的模板，重新做了一份。最终，这份方案还是被领导看出了痕迹。如此一来，领导便认为她的工作态度已经有所改变，不像最初那样认真负责。这时，她想用事实来解释，但可信度已经大打折扣，何况还是那样一个纯属巧合的理由。因而，她只能任由自己重新回到原点，再通过努力修复自己在领导心目中的形象。

一次得不偿失的决定可能只是几秒钟内萌生的念头。为了不失去与自身利益相关的东西，抱着侥幸的心理投机取巧，却让事情变得越来越糟。如果能看淡得失，实事求是地将自己的失误或过错讲清楚，相信别人也会愿意帮你渡过难关的。

　　还有的人盲目地信奉圆滑世故，为人处世太过看重自己的利益，到头来失去了周围人的信任。虽然看似身边有很多朋友，但没有真正能够以诚相待的人，这也是一种得不偿失的做法。江湖险恶，人心难测。适当提防身边的人，尤其是彼此间有利益之争的人，未尝不可。然而有的人却不只这么简单，他们似乎已经形成了对任何人、任何事都要衡量得失才会作出决定的习惯。久而久之，身边的人会习惯他的态度，哪怕他乐意真心放下自己的利益去帮助别人，也不会再有人相信。于是，他只好越来越孤独。对"得"与"失"的过分考量换来长久地被孤立，也许会获得一些物质，但是与精神相比，相信更多的人会选择精神。所以，人不能在得失之间迷失自我。有时候，看似是得到，结果却是失去。有时候，看似是失去，结果却是得到。得到之中蕴涵着失去，失去之中也蕴涵着得到。

　　富兰克林曾在《得不偿失的哨子》里讲述了这样一个故事：在他 7 岁那年，某次过节，获得了一口袋的铜币。他立刻毫不犹豫地向儿童玩具店奔去。半路上，他却被一个男孩的哨声吸引住了。他没能克制自己想要得到哨子的欲望，于是用一口袋的铜币换回了哨子。可回到家才发现，哨子的声音很吵，打扰到了家里的人。并且家人在得知哨子的来历后，都嘲笑他的选择。因为他至少为得到哨子付出了四倍的价钱，那些多付的钱可以用来买很多喜欢的东西。他很懊恼，而且这种懊恼的情绪远远大于哨子带来的乐趣。

　　这是一个很简单的故事，一直广为流传。故事中有得、有失，对于"得"的渴望曾使他不惜付出代价，并不计较失掉了多少。而当真相摆在面前，他才明白得到的同时，失去了得到其他更好的玩具的机会。所以最终，失去还是大于得到的。对于富兰克林来说，如果当初能够抑制自己得到哨子的欲望，就不会失去更多。然而，一个 7 岁的孩子是没有那样坚强的内心的。不过，他通过这次的经历，收获良多。后来，他将它写成故事，就是为了让更多的人明白这个关于"得不偿失"的道理。只可惜，很多女人仍然在继续模仿着他的故事。比如，有的女人会在网店打折的时候买回喜欢的服饰或鞋子，之后才发现不过是那种做工粗糙的货品，自己根本没有占到便宜。比如，有的女人会付出全部的青春换回自己想要的名牌衣服、名车、别墅等值得炫耀的奢侈品，却不曾意识到，自己的年华是多少钱都没办法买到的。直到日渐老去，才知道自己用无价的资本换来的不过是别人信手拈来的那部分闲钱。

太过计较得失，便容易得不偿失。女人心思缜密，却也更容易养成算计细微之处的习惯。不妨学点男人的豪爽性情，不执迷于得到，也不惧怕失去。将"得"与"失"看得淡然一些，轻松地面对人生，才能真正获得自己想要的生活。

# 失去的，就让它随风而去

**失去，是人生永恒的主题。每时每刻，每分每秒，时间在流逝，而我们手中紧握着的命运，也在不断地夺走我们所拥有的东西。**

失去，是人生永恒的主题。每时每刻，每分每秒，时间在流逝，而我们手中紧握着的命运，也在不断地夺走我们所拥有的东西。时间、金钱、青春、机遇、爱人，不管我们得到了多少，都在不停地面对失去。其中，有的重要，有的不重要。重要的，失去了会痛苦，会无助，会绝望。不重要的，失去了心里也会别扭一阵子。毕竟，没有人愿意失去自己手中的东西。所以，很多人会因失去而走向低谷，在自己制造的陷阱里挣扎，不能原谅自己的失去，或者不能原谅环境的恶劣，愤世嫉俗。

生活中，铺天盖地的抱怨随处可见。人们通过各种方式宣泄自己的遭遇，不走运的事儿每天都在发生。例如，弄丢了喜欢的东西，方案被主管否定，工作中忘记了重要的事情，错过了一次升职加薪的机会，心爱的人被抢走，等等。如果一味地将这些事情放大，就会陷入一种无法自拔的悲观境地。认为自己什么都得不到，即使得到也注定会失去，因而索性不去努力争取本应该得到的东西，在"失去"的阴影中自甘堕落。每次遇到这样的人，都会觉得既心痛又着急。特别是女人，容易被自己的心境左右，眼中只有某次失去的阴影，轻易就将世界看成了灰色。而越是如此，就越看不到阳光，人生就进入了暗无天日的死胡同。

黑暗、阴郁的心情，在失恋的女人身上是最常见的。生性细腻、感性的女人，会将爱情看得很重。果真爱上了那个人，就会奋不顾身，不惜让自己变成卑微的傻瓜。只要能成全对方的愿望，再难的事也会努力去做到。也正因为付出到如此的地步，才会害怕失去，不甘心失去。可也正因为将自己放得太低，才会不被对方珍惜，成为容易被放弃的角色。所以，敢于去付出爱情的女人，大多都会经历失恋，甚至是不只一次的失恋。失去心爱的人，就像失去了自己的心。整个人就像虚幻的空壳，了无生气。疼痛过后，有的女人因此扭曲了自己，待在无尽的黑暗中，而有的女人却可以安安稳稳地走出来。

遇到小琪是几年前的事，在网络中相遇，以普通的网友身份走到一起。那时候她刚刚摆脱一段感情，生活也是一团糟的状况，只有一份相对比较稳定的工作，但薪水微薄。各方面都不够如意，尤其是感情带来的伤痛，使她看上去很颓废。言语间，那种绝望的姿态表露得淋漓尽致。她说，觉得失去了那个人，就像失去了整个世界一样。不知道该做些什么，不知道该往哪里去。那段时间，我和她说了很多，关于感情，关于释然，关于放手。其实也明白，道理大家都懂，就是身处其中，很难做到。但仍然希望通过努力，可以让她摆脱感情的深渊。我不希望她在茫然失措的时候随便找另一个替代品来慰藉自己，也不希望她一直沉沦在那个对她来说根本不重要了的人所带来的伤害里。后来，她渐渐可以找到自己的位置，手边有了喜欢做的事，有了努力的方向和目标，整个人开始有一种不一样的生活状态。

多年之后的某天，她告诉我，自己终于可以放下那个曾经带来深刻伤害的人。再见到他的时候，可以笑一笑，擦肩而过。我恭喜她，说即使这样刻骨的伤害都没能改变她走向阳光的信念，这不能不说是值得庆祝的。她说："我终于明白，失去他，我并没有失去我自己，也没有失去整个世界。相反，我有了开始新生活轨迹的机会，也有了新的结识更好的男人的机会。如果我只是把眼光停留在他身上，才会失去很多机会，而且失去得很不值得。"

很多时候，失去也是为了拥有更多得到的机会，这未尝不是一件好事。所以，我们大可不必太在意失去了什么，不妨更多地想一想失去之后的路。曾看到过一个小故事：有一个人担着两筐茶壶去集市上卖，在经过山坡时，几个茶壶从筐子里掉出来，摔碎了。这个人并没有停下来，而是继续头也不回地向前走。路边有人不解，提醒他说，你的茶壶碎了好几个，还不赶快看看。这人回答说，既然已经碎了，看又有什么用呢？也不会再恢复原状，还不如继续赶路。听者恍然大悟，其中的道理不言自明。

已经碎了的茶壶注定没有办法复原，那么不如继续向前走。如果停下来，最多也只是长吁短叹地懊悔一番，并没有什么实际的意义。生活中，也会时常遇到类似的事情，但果断地选择继续向前走的人却并不多见。某次，在海边遇到一个很失落的女孩，她说自己手腕上戴着的手链不小心掉进了海里。我说，这里的水比较深，那么小的东西，想要再找回来已经不太可能，如果不是很贵重的东西，还是算了。她点着头，说并不是贵重的东西，只是普通的一件饰品，但看样子并不甘心。在附近走来走去，不愿离去。忽然，她像是记起了什么，看了下时间，说了句"不好，要迟到了"，才匆匆离开。我望着她的背影，不由自主地告诫自己不要犯下同样的错误。如果失去的东西已经没有办法再挽回，又何苦让自己徘徊在原地。

曾经在外出旅行的时候，逛街时，不慎将项链落在了试衣间里。记起来时，已经走出了一段距离。项链是喜欢的款式，又是第一次戴，虽然价钱不贵，但还是小小地心疼了一下，却并没有折回去。我想，它是喜欢上了这座城市，想留在这里而已。于是，心里也就释然了。失去实在算不得什么，上天赐予我们那么多，当然也会相应地夺走一些。与整个人生相比，一点点的失去就像大海中的一滴水，根本就不值得一提。所以，当你面对失去的时候，一定要懂得以开阔的姿态来接纳这结果。如果过分地看重失去的部分，会让你止步不前，错过更多其他的机会。

曾经拥有过的种种，让它们随风而逝吧。遗忘已经不属于自己的东西，才能看到即将得到的所有。

# 少一分忧患，多一分悠闲

抛弃那些担惊受怕的日子，还自己一份阳光明媚的心情，少一分忧患，多一分悠闲，人生会变得更加从容坦然。

古时，先辈们曾将忧患意识作为人生价值观的核心。孟子说："生于忧患，死于安乐。"在他看来，人要在忧患中磨炼自己的意志，培育自身高尚的理想和情操。而上升至国家、社会的高度，忧患意识更显得十分重要。缺乏忧患意识，便容易对各种突发状况准备不足，造成严重的后果。在忧患中奋进，已经成为治国平天下的根本。然而，这里要说的"忧患"，却与传统意义上的"忧患"有一点点差别。这种"忧患"是针对个人得失的，是过分计算个人得失而产生的忧患心绪。

与某些完全没有忧患意识的人相比，有些人的忧患意识显得太过分。总是担心自己身上会发生什么不好的事情，小心翼翼地生活，容不得自己失去任何一点儿东西。到头来，将自己折磨得颇为神经质，不但并不会减少自己的失去，反而容易让自己失去更多。可越是在意，就越会因此而痛苦，久而久之，成了一种恶性循环。儒家讲"哀而不伤"，其意就是说不要过度忧患。人生已经足够辛苦，何必再让自己活得担惊受怕。

女人通常活得细致，将自己的所有都安排得井井有条，并时常担心自己会出这样那样的问题。很多女人会特别注重自己的身体，不管是身材，还是健康。比如，即使身材苗条的女人，也不会承认自己的身材已经很好，还要将减肥、塑身挂在嘴边，不断地通过各种手段折腾自己，生怕体重再增加半分。比如，已经身处一个比较好的生活环境，还要不断地讲究生活的品质，让自己置身于一个过分清洁，一尘不染的环境中，生怕自己的健康出现问题。还有的女人过分注重感情的得失，明明已经得到一个无微不至的爱人，却还觉得不够安稳、不够安全，还要想尽办法抓牢身边的人，总是想着万一某天这个人突然离自己而去了该怎么办。这些"忧患"频繁地出现在女人们的生活中，不仅不能带来成功，还会起到相反的作用。

过于"忧患"的女人很可怕，这是一个朋友告诉我的。她的身边就有这样一个女人，是与她合租的房客，最初相识的时候，觉得这个女人很清秀、很通情达理，会是适合长期交往的朋友。后来才渐渐发觉这个女人致命的弱点，太过惧怕生活中的坎坷，时时刻刻都在防备自己的身上发生各种状况，并且从不为自己已经得到的东西感到满足。她有一份每年都会加薪的工作，有足够的假期，从来都不会加班，但她还是不曾觉得踏实，工作中只要出现一点问题，她就诚惶诚恐，天天在朋友面前诉说，说自己万一被领导批评了怎么办，万一丢了工作怎么办。朋友开始还好言相劝，到后来就只剩逃跑的份儿。因为发现这样的人根本就不是靠劝说就能改变的。

几个月之后，这个女人恋爱了。男友是某公司的经理，事业方面很有前途，且要房有房，要车有车，对她也算真心实意。可就算是这样优秀的男人，也丝毫不能改变她那些无端的忧患。整日幻想那些不切实际的状况，生怕男人与别的女人发生不清不楚的事情。于是将男人的日常生活抓得紧紧的，稍有风吹草动就草木皆兵，大做文章。我的这位朋友实在看不过去，担心她这样下去会把喜欢的男人吓跑，就劝过她几次，结果竟然被她当做情敌，以为朋友要与她争男友。最终，朋友实在忍无可忍，只好下了逐客令。结果，她在临走前还向朋友抱怨，说之前就觉得与人合租不是长久之计，容易出现各种各样的问题，现在看来果真如此。朋友笑了笑，没有再与她争执。"与这样的人根本没办法沟通"，朋友至今还心有余悸："同样是女人，我真不明白她究竟为什么会这样，总是担心这担心那，人家都说人不能没有忧患意识，可像她这样也太过分了。"

人生苦短，何必斤斤计较。越是害怕遭遇祸患，越是容易发生事端。整日生活在惶恐不安中，也并没有减少事故的发生。该遭遇的避免不了，该失去的也终将会失去。淡然面对命运带来的坎坷，反而可以令自己摆脱那些毫无意义的胡思乱想。当然，淡然面对并不意味着完全不在乎，真正淡定的女人是懂得如何恰到好处地保持自己的忧患意识的。记得多年前遇到过一个活得很自在的女人，总是可以很好地安排自己的工作和生活，将一些需要未雨绸缪的事情做得恰到好处，而那些不需要去计较的事则随缘而定，从不会钻牛角尖。遇到坎坷和失败，也会用一种积极的心态面对，找出问题所在，避免再发生此类事情。由此，任何事情到了她的手里，总会迎刃而解。我问过她，为什么能够如此从容不迫。她笑着答，与其多一些毫无意义的顾虑，不如多一分悠然自得。人生总会面对各种各样的祸患，免不了的事就平静地接受，没有什么不好。有些人以为只要多点忧患意识就能避免意外的发生，但忧患也不是越多越好，多了反而容易适得其反。

抛弃那些担惊受怕的日子，还自己一份阳光明媚的心情，少一分忧患，多一人悠闲，人生会变得更加从容坦然。

# 放下得失心的女人，才能获得更多回报

**得失只不过是一场梦幻空华而已。什么悲喜，什么爱恨，什么成败，什么对错，只要放下，心中自会静如湖水。**

得失之心，不过是因了自我束缚、自寻烦恼而产生的，所谓的"万法自闲人自闹"。只要放下了得失之心，就能清静自守，恢复自我的本性。一位好友的QQ签名里一直写着：记住该记住的，忘记该忘记的，改变能改变的，接受不能改变的。她说，她一直在试图做到这一点。不想太过看重自己的得失，得到了就欣然接受，不兴奋也不骄傲；失去了就挥挥手，向溜掉的东西说拜拜。世间没有什么是非要得到不可的，也没有什么是不能失去的。任何一件东西或者任何一个人，你拥有或者没能拥有，都不是决定性的，总有可以替代的另外一件东西或另外一个人会出现，命运不会赐予你所有，同样也不会剥夺你的所有。

每次去海边，都喜欢在沙滩上握一把沙子，看着那些细小的颗粒慢慢地从指缝中滑落，然后告诉自己，这便是时光，便是生活，便是人生。能够抓住更多沙子的方法，不是尽可能多抓一些，而是要尽可能掌握一分不多一分也不少的境界，刚好能够让它们老老实实地被握在手里，不抖也不晃。可见，想要抓住更多沙子，必须要失去多余的那部分——那些看似能够被抓住，却最终将会滑落的部分。通常，这部分便是人生中的失去。如果过分地将精力都放在原本注定会失去的部分，就容易舍弃正确的方向。然而很多时候，越是想要不在乎，偏偏越在乎。

听过一个很有趣的小故事，说有位法师经过一个贫寒的小村子时，对村民说自己可以教给他们点石成金的法术，但要拿家里最值钱的东西来换。村民们当然乐意做这笔交易，于是纷纷拿出自己的宝贝作为交换。法师将咒语传给了他们，不过又告诫他们，黄金是属于山上的神仙的，在念咒语的时候，千万不要想起它。然而，很多年过去了，村民们始终没能成功地让咒语生效。因为越是告诉自己不要想，就越容易想起。于是，总是在念动咒语的时候默默地告诉自己，只要不想就能成功，结果总是适得其反。这就是为何心事太重的人没有办法成功的原因。

女人生性喜欢纠缠于一些微小的事，或者千丝万缕的情感，心胸不容易变得开阔。所以，女人的世界仿佛永远都是剪不断理还乱，就像缠在一起的发丝，很难变得清晰明了。朋友曾得出结论，说善于计较的女人是惹不得的。她帮助你一分，就想你用十分来回报她，不然她就会让全世界的人都知道你是个知恩不报的人。而如果你碰巧帮了她一分，她会想尽办法来化解这一分帮助的重要性，以便不用付出太多的回报。这样的女人，谁要是惹上了，必定是要倒霉的。最初听这番话的时候，我还是将信将疑的。可后来，我真的遇到了这类不好惹的女人。朋友一场，我帮她的不计其数，她帮我的都在嘴皮儿上。这还不算，好容易实际性地帮了我一次，逢人便要说几句。我最终忍无可忍，只好向她讲明。我说，并不是我想要计较彼此间的得失，而是实在不能容忍你以我的救世主的姿态自居，就算你的付出不能够没有回报，那么我所做的也足够回报你了。女人的眼界如果只集中在这些微小的领域，是不会有任何前途的。

从那以后，我没有再与这个女人联系，不清楚她是否理解了我的话。但听说她的工作和生活依旧，身边的朋友越来越少，我便觉得很难过。太过看重得失，很可能就会如此停滞不前。既不会再得到，也不会再失去。看上去是一种得失的平衡，而事实上这种平衡可以扼杀一个人前进的动力。我觉得，失去没有什么不好。因为失去，才可以再得到。我们能够背负的就只有那么多，如果不失去，怎么会得到新的东西呢？有时候，我们甚至应该感谢上天让我们失去了应该失去的东西，比如一件不适合自己的衣服，一份太过压抑的工作，一个根本就不爱自己却善于伪装的男人。这时，我们应该大喊"失去万岁"。

舍得失去，便会拥有更多得到的机会。所以，能够真正放下得失心的女人，才能获得更多回报。得失只不过是一场梦幻空华而已。什么悲喜，什么爱恨，什么成败，什么对错，只要放下，心中自会静如湖水。古人说："得之吾幸，失之吾命。"并不是悲观的认命，而是告诉我们，生命中的追求有很多种，追到了是自己的幸运，追不到也是一种命运，得到与失去是成正比的，无须为一时的得到感到骄傲，也无须为一时的失去感到悲伤。淡定地面对"得"与"失"，将会在人生之路上经历更多的风景。

# 第 8 章

## "淡"在固执之外:
## 跳出偏执藩篱才能做通达的女人

固执,会使女人失去原有的那份可爱、优雅和洒脱,变得不可理喻。因此,女人们应当学会灵活些、圆滑些,该放弃的时候放弃,该认错的时候认错,才能跳出固执的怪圈,拥有开阔、通达的心态。

# 别走入故步自封的死胡同

> 明智的女人是不会让自己走进死胡同的，只需要转个方向，就能见到另一个宽广明亮的世界。

人生之路看似很漫长，其实很短暂。时间流逝得很快，又悄无声息。当我们意识到时光飞逝的时候，已经来不及了。所以，我们不能让自己在一个地方停留太久。故步自封是一种因循守旧的态度，固执地坚守自己已经习惯的做法，再也不肯向前。随着时间的流逝，这样的人会渐渐脱离时代，变得一文不值。

封建时代，清王朝将故步自封发挥得淋漓尽致，使整个国家和民族付出了巨大的代价。后来，创新、创造、紧跟国际潮流等词汇不断地被提及，只因再也禁不起故步自封带来的灾难。而今，虽然人人都在声明自己拥有创造力和想象力，拥有紧跟时代脚步的觉悟，可难免还是会在生活中固守自己的习惯和方式。因为太过追求个性，太过以自我为中心，凡事都从自己的角度出发，认为自己拥有的是最好的，不愿做出任何改变，所以也很难得到别人的认可和帮助。面前的路始终保持不变，或者越来越狭窄，终有一天会面临令人窒息的境地。

曾有一个女孩向我抱怨，说自己越来越没有办法与身边的同学和朋友沟通，明明很想与他们友好相处，可他们却并不喜欢自己。"他们说我自私，说我固执己见，总是按照自己的想法处理事情，以自我为中心。"她说，"可我不觉得我是这么不堪的人。我承认我可能不是那种紧跟时尚潮流的人，我有自己的喜好和习惯。我只不过是坚持自己的习惯而已。不行吗？每个人都有自己的习惯不是吗？我为什么要改变自己的习惯去迎合他们呢？"

起初，我不知道该怎样回答她。我请她举一个例子，来说明自己究竟是如何固执己见的，她向我讲述了近期发生的一件事。由于学习成绩比较好，她在班里担任学习委员。大学里的课业比较自由，也容易变得松散，班干部通常需要举办一些活动来积聚人气，提高学生的积极性。可她策划的活动经常没有办法实现，因为没有人愿意配合她的想法，而她又不愿修改自己的方案。最近，她策划了一个知识竞赛类的活动，找了几个执行力比较强的同学帮忙。得知方案后，其他几个人纷纷表达了自己的想法，希望方案可以有针对性地再进行一下调整。但她坚持自己的想法，只想他们按照她的方案执行，不想修改。结果，其他人以方案的可行性不强为理由，拒绝了她的要求。后来她将方案反复修改了几次，一直都没能获得支持。

我问她：为什么不能接纳别人的意见呢？她说，活动是自己策划的，当然要按照自己的方式来举办。而且，她坚信自己的想法是最合适的。我说，你这样故步自封，这样固执，怎么能期盼得到别人的理解和支持呢？这不是坚持个人习惯的问题，而是一个人的认知水平、处世态度、做事方法的问题。虽然活动是你策划组织的，但需要其他学生的参与，不然活动就只能是个空壳。所以关键还是别人的支持与认同，并不是自己的想法。如果不采纳众家之见，即使反复修改方案，也不能迎合众人的胃口。一件很自我的作品，别人有权选择喜欢或者不喜欢，只有以开放的姿态接纳或融合别人的想法，才能成为被更多人接受的作品。

也许我所说的她仍然似懂非懂，但后来她的确强迫自己尝试着改变了态度，收到了很不错的效果。自此，她觉得自己面前的路开阔了很多，有一种豁然开朗的感觉。其实，改变并不难，难的是说服自己去接受改变这件事。停滞不前的人很难向前迈出步子，因为他看不到别处的风景，只觉得眼前拥有的是最好的。当他们终于愿意走出自己固守的世界，会觉得自己长久以来的坚持是很可笑的。

有的人性格木讷，不喜欢灵活多变，因而喜欢站在原地。而有的人，会因为某些伤害，将自己包裹起来，不愿面对新的路。还有的人，自信得过了头，认为自己所拥有的是世间最好的，自己的想法和判断是最正确的，不愿相信别人。但不管是哪一种类型，都免不了会遇到人生中的阻碍。如果这种观念只是妨碍自己的脚步倒也罢，却往往也会在与周围人的交往和共事中，给其他人带来麻烦。偏偏很多时候，这种人总是不能自觉，意识不到自己的固执带来的恶果，反而觉得周围的人都在与他作对。

两年前，在工作中遇到过一位很令人头痛的女人。凡事总要先强调自己的想法，如果其他人不能同意，就需要说服她，而说服她则需要付出相当大的代价。就像俗话所说的：不见棺材不落泪，不撞南墙不回头。我不明白她的故步自封的信心是从何而来，只是循规蹈矩地做事，意见陈旧，对时尚潮流不感兴趣，在同龄人的圈子里并不受欢迎，但却可以将自己看作无人可及的人才。有时候，她也会象征性地征求周围人的意见，说你看这样行不行。不过，似乎永远不要指望你提出的意见她能够接受。她不过是做出一种姿态而已，最终还是会坚持自己的看法。很不幸地，当时高层领导喜欢这样所谓"懂事、听话"的女人，给了她部门主管的位置。后来，她主管的部门就成了公司里流动性最高的，几乎没有人可以在那里坚持超过两年的时间。她也从未培养过一名得力的助理。作为领导，对她来说这应该可以算是一种悲哀吧。

不进则退，即使安安稳稳地站在原地，也会渐渐被时代所淘汰。哪怕固守着的是精品，也会在岁月里变成毫无价值的摆设。如果故步自封的人不能做出改变，就只能在自己的世界里接受被时代洪流淹没的命运。明智的女人是不会让自己走进死胡同的，只需要转个方向，就能见到另一个宽广明亮的世界。

# 偶尔任性，但不要一意孤行

当我们还不能看尽世间繁华、看淡世态炎凉的时候，我们有什么资格一意孤行呢？盲目地带着自己的冲动情绪，固执地坚持自己的判断和想法，到头来伤害的还是自己。

西汉时期，有个叫做赵禹的人。汉武帝看上他的才华，封他做官，与太中大夫张汤一起掌管国家法律的制定。达官显贵们不想他将法律制订得太严苛，就想尽办法讨好和劝说，可赵禹就是不买账。长此以往，人们便真的认为赵禹是一个清正廉洁的官。有人问他，难道不在意周围的人对你有什么看法吗？赵禹答，他之所以这样做，就是为了能独立地决定、处理事情，按照自己的意愿办事。

这个小故事，是"一意孤行"的由来。虽然赵禹的清廉与张汤的贪婪截然相反，但他最终仍然落得个"酷吏"的名头。而凡是酷吏，都有冷峻残忍的一面。尽管赵禹没有与其他显贵同流合污，但他固执地坚持着自己的想法，也给很多人带来了残酷的命运。后来，人们多数时候将"一意孤行"用作贬义，用来形容那些不愿接受别人的劝告，只会按照自己的想法来做事的人。这其中，有的人是真的拥有才华和能力，有的人却只是盲目自恋和自大。然而不管是哪一种，都是不受欢迎的。

有人说，有的女人天生就是不讲道理的，这种不可理喻还往往带着几分赖皮、执拗和一意孤行。只要是她认准的东西和人，就会千方百计地想要得到，根本就不会考虑其他的因素。假如她喜欢上了一件东西，哪怕再不适合自己，哪怕价格再高，她都有一百个说服自己的理由，同时也准备了一百个理由用来说服阻止自己的人。假如她爱上了一个人，哪怕这个人有再多的缺陷，她也可以毫不在乎，全盘接受。这便是这些女人们惯有的态度。如果说，女人偶尔的撒娇任性小赖皮可以容忍，甚至还会让人觉得有几分可爱，那么，当这种固执的态度发展到极致的时候，就不会那么讨人喜欢，那么容易让人理解和包容了。

某次，在朋友经营的小店帮忙看店，遇到一对结伴逛街的情侣。两人的穿着打扮都有点时尚、另类，但服饰并不精致。进店后，女孩一直用挑剔的眼光翻看货架上的衣服和标牌上的价格，微微地皱着眉头，露出不屑的样子。朋友的布衣店都是上等的货品，适合自然朴素、皮肤白皙的姑娘。我原以为她随便看看就要走掉的，因为店里的货品实在不是她的风格。可没想到，她却对店里的一串项链爱不释手，一定要男友买下来。

店里的饰品都是用来搭配的，本意是不卖的，但朋友还是贴上了比较高的价格，为的是吓跑那些钟情于配饰却不想购买衣服的顾客，或者搭配着送给那些老顾客或者一次性购买金额比较大的顾客。所以，那个男孩对项链的标价望而却步，反复向她解释，这项链并非高级首饰，并不值得付出高昂的价格。但女孩不依不饶，任性地撒娇，说只要自己喜欢，就不在乎值不值。两人你来我往，争执了很久，互不相让。我在一旁默默地看着，并不搭讪。我从来都遵从顾客自己的选择，我相信他们愿意认同自己的选择，并为此付出代价。看得出，女孩是那种很固执的类型，不达目的不肯罢休。任凭男孩怎么劝说，就是毫不动摇地一意孤行。结果，男孩开始有点出言不逊，讲话的声调和语言都变得激烈起来。而女孩也不甘示弱，没有想要妥协的意思，最终两人之间爆发了激烈的争吵。

为了不影响店里的生意，我只好委婉地请他们离开。男孩看出我的意思，觉得有点没面子，强行拉着女孩离开了。那个下午，店里相对冷清一些，我盯着架子上留下的那串项链发呆，我不知道为什么一个女孩肯为这样一串普通材质的装饰项链付出高价。在我看来，这种坚持和固执真的很可怕。虽然我知道她很喜欢它，可并不是所有喜欢的东西都要得到。身为成年人，应该懂得什么时候是需要放弃的，哪怕是再难以割舍的，也要毫不犹豫地舍弃。然而，事实上很多人，特别是女人，是很难做到这点的。感性的性格与任性的脾气，使得女人们容易被一时的喜欢冲昏了头，一定要实现自己的想法。而当想法真的实现，想要的真的得到的时候，内心就会觉得满足。但对于握在手中的东西，又未必会珍惜，未必会喜欢了。

身为女人，我们应该深有体会。自己偶尔的一意孤行所买回的东西或者喜欢上的人，往往都是不那么适合自己的。只不过，买回的东西可以压箱底，可选择的人，就没那么容易"压箱底"了。大学的时候，宿舍里的一个女生喜欢上高年级的男孩，不顾一切地追过去。同寝室的其他女生都劝她，说这个男孩既不帅，又没有能力，还不够稳重，根本不值得喜欢。可她却觉得自己的眼光没有问题，是其他人不够了解这个男孩而已。大家最终没能劝住她，她也如愿获得了男孩身边的那个位置。后来，男孩退学，去附近的城市做生意。她更是毅然决然地跟着男孩一起退了学。女生们都觉得她疯了，随随便便牺牲自己的学业，跟着一个男孩去陌生的城市。从那以后，我们再没有见过她。听说，那个男孩真的做起了生意，而女孩心甘情愿地担当家庭主妇的角色，却在某天被男孩淘汰掉了。我们都觉得心痛，但无能为力。

当我们还不能看尽世间繁华、看淡世态炎凉的时候，我们有什么资格一意孤行呢？盲目地带着自己的冲动情绪，固执地坚持自己的判断和想法，到头来伤害的还是自己。还有的女人，为了较真，为了面子，明知是错的、不稳妥的，也要勇往直前地走下去。比如，一个月薪只有 5000 元的人，想要买一辆 20 万元的车。朋友们担心她承担不了过重的经济压力，都劝她不要买那么贵的，可她不听，偏要买回来。拥有了之后，才发觉自己真的承受不起，陷入尴尬的境地。回想当时，自己不该为了那点面子，不该为了显示自己的高品位，轻易付出这么大的代价。然而事情已经发生，再多的后悔也于事无补。

偶尔任性、撒娇、发发小脾气的女人是可爱的，一意孤行的女人却是可恨的。想要可爱得恰到好处、讨人喜欢，就要学会认真地听取周围人的意见，不要太相信自己的判断和能力。俗话说，三个臭皮匠顶个诸葛亮。多数情况下，固执地横冲直撞，是不会有好结果的。

# 择"善"而固执，亦需要变通

> 人生之路是开阔的，也是多变的，要学会择善而固执，亦要学会变通，才能走得顺畅，走得成功。

《礼记·中庸》里有这样一句："诚之者，择善而固执者也。"意思是说，认定了正确的方向和目标，就以一种固执的态度去追求，坚持不懈地努力，不轻易放弃。按照古人的说法，这是圣人修养的最高境界。

也许有人会有疑问，这样简单的事情也能算得上是至高的境界吗？不过是坚持正确的选择和方式向前走，又有什么困难呢。然而，当我们仔细观察生活，就会发觉，真的能够择善而固执的人并不多。"善"与"固"，是择善而固执的两个密不可分的要素，不能择善而固执，或者能择善但不能固执，都只能得到失败的结局。前者将固执用错了地方，后者缺乏必要的坚持。对多数人来说，或者做了前者，或者做了后者，极少有人可以将"善"与"固"恰到好处地联系起来。所以，择善而固执，实在不是那么容易就能做到的。

不过，拥有一颗固执之心的人，却必须要努力做到择善而固执，这是非常重要的。如果不能正确地选择"善"，那么固执和坚持就只能带来负面的，甚至是灾难性的后果。比如，有些女人常常流连那些徒有其表的商品，并且为此付出过多的金钱，导致自己入不敷出，却坚持认为这是爱自己的一种方式。比如，有些女人在没有弄清楚某件事情来龙去脉的情况下，盲目地坚持自己的判断，仅凭简单的了解和想象作出决定。再比如，有些女人爱上了不该爱的人，但却不懂得及时回头，仍然坚定地走向错误的路。

生活中，多数拥有固执之心的人，常常坚持的都是不应该坚持的事情。想要得到不应该得到的东西，爱上一个不应该去爱的人，对一件事的认知发生偏差却意识不到或者不愿纠正。没有判断"善"的能力，或者即使明白"善"的道理也无法说服自己改正，一再地为自己的执著付出代价。特别是女人，喜欢感情用事，执拗起来的时候，什么道理、什么对错、什么善恶，全都抛到九霄云外去了，一心一意地只认准自己的想法和选择，一定要按照自己的方式去做，这样的女人通常只能落得遍体鳞伤，但却总是一副不见棺材不落泪的精神，勇往直前地坚持着。

曾经，一位旧友在选择男朋友的时候问过我，她说，我是选择那个月薪1万的，还是选择另一个年薪15万的。我当时立刻就目瞪口呆了，不知道该怎样回答她。我说，两人一年不过相差了3万块，你是单纯按照收入多少来选，还是考虑其他因素？如果按照收入就是一目了然的。她想了想，说其实两个人都差不多，相貌、家庭条件、对她的态度，基本没有什么差别，所以才觉得头痛。我也想了想，说，你应该再找其他的，不要在这两个人之间作选择了。她愣愣地看着我，似懂非懂。我没有再解释，趁机找理由溜掉了。

我知道这个社会很现实，现实到让她一直都本着经济条件优先的原则来找男朋友，可我还是没想到她已经计较到这种地步。不管是月薪 1 万，还是年薪 15 万，我相信如果她坚持找下去，还能找到收入更高的，所以我才对她说，何必要在这两人间定夺，不如再找更好的。最终，我没有劝她放弃这样的想法，一个如此固执地坚持自己方向的女人，也许已经很难再拉回来了。后来，她的确又找了条件更好的结了婚。没有多少感情，只有金钱堆砌起来的所谓幸福。日子久一点，就觉得无趣，两人之间没有亲密、有趣的生活，她不愿再忍受冷漠，就离了婚。再见的时候，她和我说，当初不该固执地坚持自己的看法。我说你能意识到，还不迟。她只是苦笑。

固执还不算太可怕，可怕的是不能择善而固执。所谓善，是指行动者自己、行动相关方和社会大众所接受的规范。要在适当的情况下，选择适当的处世方式来维系人与人之间的特定关系。而不是凭借自己的臆想和武断，走向错误的方向。然而，即使是走在了正确的路上，也要时刻留心事件的变化，不能盲目地坚持。也就是说，事实上择善而固执的"固执"二字，与通常所说的执迷不悟的"固执"并不是一回事。

世间万物都在不停地变化，所以一件事、一条路、一个人，都不可能是一成不变的。很多人生中的选择都只是针对当时的情况作出的，并不是长久的定案。而随着时间的推移，人或事物的变化，也许当初的选择便不再是适合自己的，那么，果断地调整和放弃就是必须要做的。这是择善而固执的变通之理，也是最难做到的一点。比如，多年前选择了适合自己的工作，但渐渐地，自己的能力与主观想法和工作环境、待遇之类的客观因素都在改变，也许某天会发

觉这份工作已经不再适合自己。那么，你是否有勇气换个环境呢？再比如，你
与一个心爱的男人恋爱多年，即将修成正果，但此时却发现他并不像你想象的
那样爱你，可你仍然爱他。那么，你是否能说服自己结束这段感情，及时抽身
而退呢？

如果不能及时作出改变，"善"就不再是"善"，最初的"择善而固执"，
也就不再有任何意义。由此可见，想要真的做到择善而固执，还需要拥有灵活
的处世方式和准确的判断力，时常反省自己所处的环境和与周围人之间的关系。
不能因为先前已经作出了正确的选择，就一根筋走到底，还要用勇气和力量说
服自己主动作出改变，不能等到情况开始恶化的时候才匆忙应对，如若不然，
只能接受失败的结局。很多时候，我们不想主动放弃，是因为难以割舍曾经的
付出和获得的成果，可在各种因素都已经改变的情况下，又何必执拗地守着曾
经的方向和选择。

人生之路是开阔的，也是多变的，要学会择善而固执，亦要学会变通，才能
走得顺畅，走得成功。

# 以开放的姿态接纳众家之见

淡定的女人是懂得要以开放的姿态接纳众家之见的，可以说服自己走出那个虚妄迷离的世界，以一种置身事外的方式看待自己所处的环境、人和事，会获得不一样的收获，从而获得抛弃执迷的力量。

固执的人，通常喜欢以一种自我封闭的状态存在。因为过于坚持自己的意见和想法，而不愿接受别人的建议，久而久之，身边愿意伸出援手的人越来越少，于是就形成了固守自我世界的性格。

一个人的眼界和阅历是有限的，即使再怎样丰富自己，也比不上多方信息的汇集。所以很多时候，我们要开放固守的自己，接纳更多来自外界的信息和帮助。然而，很多人却不愿这样做。有的人不愿被外界的繁华干扰，有的人自以为是地认为自己所拥有的是最好的，还有的人过于小气，不愿与别人分享自己的阅历和经验。但不管是何种原因，固守都不能换来丝毫优势和成果。

旧时代，很多人固守传统和祖制。那些先辈们传承下来的生活规矩、思想、态度、处世方式，甚至是旁门左道，都一一被继承下来，而且要求自己的后辈必须遵守。于是，人们年复一年、日复一日地重复着相同的生活模式，没有任何改变的意愿。那时候，如果有谁敢于挑战旧的礼教和制度，必然是要遭受灭顶之灾的。可随着时代的发展，传统的陋习注定很难继续固守下去，终有一天被新的文明和文化冲破了固若金汤的城池，但整个民族却付出了十分惨痛的代价。

　　现今，我们身处提倡创新与变革的开放时代，丢弃了那些先祖传承下来的糟粕，也获得了思想和心灵的自由。然而，还是有很多人固执地守着自己的习惯、思想，以及行事方式。也许有人觉得，固守没有什么不好，要看固守的东西是什么。如果固守的是优势，是阳光的一面，就应该坚持。可我们是否发觉，凡是热衷被人们固守的，多半都是负面的东西。

　　正面的东西很难固守，比如善良，比如诚恳，比如勤俭，比如道德。世界上的诱惑太多，当我们看尽世间百态，经历喧嚣浮华，是否还会固守我们的单纯美好？我想，每个人的心里都会有自己的答案。而负面的东西，似乎更容易让人迷惑，从而盲目地固执和坚持。比如谎言，比如阴郁，比如灯红酒绿，比如爱一个徒有其表的人。人们执著其中，无法自拔。即使被劝说，也总是有各种各样的理由来表明自己无法摆脱或不能摆脱这份固执，最终只能面对悲剧的结局。而假如能够以开放的姿态接纳旁人的建议，并且愿意做出改变，就会给自己开辟出另一个世界。

　　我曾遇到过一个喜欢说谎的女人，表面亲切，也很喜欢讲话，但每句话都至少有六分是添油加醋或者无中生有。她的理论是，自己身处一个虚伪的世界，所以凡事不能太认真，不能给别人窥探自己内心的机会，所以说出的话也不能太真，表面过得去，皆大欢喜就可以了。不过，当身边的人了解了她的这一点，就很少有人再与她交往，因为没有人能够容忍身边有个谎话连篇的人存在。如果不能真心相对，那么不妨说点不相干的事情，毕竟闲聊也是娱乐的一部分，可以抱着游戏的态度，但不能太过虚假。

　　后来，她感觉到周围人的变化，意识到自己的方式不讨人喜欢，就刻意问了身边最好的朋友。这位朋友觉得她的态度还是值得称赞的，就讲了很多道理给她听，劝她稍微地改变自己的处世态度。虽然，纠正缺点是很难做到的一件事，她还是努力去做了，也算是有点成果。渐渐地，身边的人都感觉到她的变化，对她的态度也就有所改变。"以前我一直觉得自己的想法才是对的。"她说，"现在我明白，自己坚持的并不是什么真理，不过是走向了一个极端。不过，好在我没继续固执下去，真是谢天谢地。"

所谓旁观者清，固执的人如果能够相信旁观者的意见，就能及时地悬崖勒马，让自己摆脱那种固有的模式和心情。不要给自己寻找任何不去改变和接受的理由，哪怕那些理由看起来再正当不过。就好像很多人，会爱上自己不该爱的人或者根本不值得去爱的人，义无反顾地付出，得不到任何回报。当有人劝说的时候，便会以"真爱就是无条件的付出"、"我没办法控制自己不爱上他"、"你们不明白他的可爱之处才会这么说"、"我就是喜欢，除了他我接受不了别人"等理由，来拒绝放弃。直到某天，被折磨得遍体鳞伤，不得不放弃。可一旦再遇到此类事情，又会沉浸其中。这样的人，在爱情里永远都只能复制相同的悲剧。因为自己不肯去学会看清某个人或某件事，只是投入，并不分辨，又不肯认真考虑旁人的意见，只能独自承受结局。

淡定的女人是懂得要以开放的姿态接纳众家之见的，可以说服自己走出那个虚妄迷离的世界，以一种置身事外的方式看待自己所处的环境、人和事，会获得不一样的收获，从而获得抛弃执迷的力量。

# 跳出固执的怪圈，做大气的女人

**不要太过感情用事，也不要太过相信自己的判断，该认错的时候就认错，该放弃的时候就放弃，保持开阔、通达的心态，才能更加游刃有余地面对人生。**

人生是一场没有归程的旅行，随着我们前进的脚步，后面的道路会一点点被封闭。只能向后看，却不能再倒退。所以，人生中的每一步都需要谨慎、冷静、开放、豁达地面对，不能盲目地订立目标向前冲，也不能禁锢自己的内心，停滞不前。

或许，每个人都会有自己的小固执，会有自己所不愿去做出的改变。如果无伤大雅、无碍前程倒也罢了，只是不能让这样的禀性肆无忌惮地弥漫开。如若凡事都坚持自己的想法，凡事都以自己为中心，必然会背上沉重的枷锁，不仅走得辛苦，还得不到应有的认可。到那时再想挽回，就需要付出很大的代价，即使愿意消耗时间、消耗精力、消耗生命去做，也未必能够成功。而身为女人，我们仅拥有短暂的青春时光，所以更需要珍惜，不能因为一步的错路，令自己满盘皆输。

之前，看到过一个小故事：有两个贫苦的人，在山里捡到两大包棉花。各自背了一包，想到山下卖个好价钱。走了一会儿，两个人又看到路边有一大捆布料。其中的一个人就丢掉了棉花，背了尽可能多的布料。而另一个人却认为自己已经背着棉花走了那么久，如果丢掉就白费了之前的辛苦，所以仍然背着棉花继续前行。又走了一会儿，两人望见不远处散落着黄金。背着布料的人欣喜若狂，果断地将布料换成了黄金。而背着棉花的人仍然坚持自己的想法，并且不愿意相信这些金子是真的，任凭背着黄金的人怎样劝说也无济于事。下山后，两人原以为可以松口气，天上却乌云密布，下起雨来。结果，背着棉花的人，因背上的棉花吸足了水，重得背不动，只好放弃。背着金子的人却毫不在意，安安稳稳地回到家里。

可见，固执的人很容易丢掉唾手可得的机会，让自己陷入无可选择的境地，只换得两手空空。然而，为了自己的固执付出一次空手而归的代价，并不算什么。没能获得财富，也许会让故事里的那个人重新审视自己的态度和想法，下一次再遇到这类事，就不会盲目地坚持自己的判断了。如果那个人仍然执迷不悟，坚持自己的行事方式，就必定还会让自己失去更多。一时的固执并不可怕，可怕的是意识不到自己的固执会带来严重的后果。所以，如果你不想与故事中的那个人拥有类似的遭遇，就要学会摆脱固执的心态。

曾有一个爱好写文章的姑娘，与我切磋写稿子的问题。她发来一篇打算投给某家杂志的稿子，想我帮忙看一下。虽然我也并不在行，可毕竟旁观者清。仔细看过一遍之后，提出了几点问题。她也都一一说明了这样写的理由，表示还是想要坚持自己的写法，我便没有再多说。最终，这篇稿子顺利地通过了杂志社的审核。我觉得这个姑娘还是比较有前途，于是一直与她保持着联系。在那之后，她虽然还是会时常给我看自己的稿子，但也仍然保持着接受我的意见但不修改的态度。

又过了半年多，某天她忽然对我说，自己觉得厌倦了，不想写稿子了。我细问，才知道她已经两个月没有过稿了。她说，不知道该如何是好，好的开端并没有迎来阳光。相反，她觉得自己正在逐渐走向黑暗。我私下里问过与她联络的编辑，编辑告诉我，她始终不肯修改自己的写法，一再重复相同的模式，稿子也就越来越不好过。作者可以坚持自己的想法，但如果坚持变成毫无道理的固执，就真的无法挽救了。明白了其中的缘由，我又再次和她沟通，希望她可以适当地做出改变，文字需要灵活多变，才能更吸引人。

为了不放弃自己最初的那些努力，她还是选择了做出改变。抛弃了原本的那些固执，重新审视自己的构思和文字，愿意接受别人的意见。渐渐地，有越来越多的人愿意帮她，而她的写稿之路自然也就会比以前顺利一点。"这时我才明白摆脱盲目固执的好处。"她告诉我，"虽然整个过程还是挺难的，但是我不断地告诉自己，只有不再固执，整个人才能变得开阔，思路和心态也都开阔起来。"

随着年龄的增长和阅历的增加，很多人的认知与思维都形成了固有的模式，并且将自己包裹在这固有的躯壳里，容不得任何人的侵犯。当自己的看法与别人的看法之间存在分歧，就会毫不犹豫地坚持自己的看法，哪怕与别人发生争执或争吵也在所不惜。这样的人，不管所坚持的看法是正确的还是错误的，都会让人觉得不舒服。

不过，固执的人，多数并不愚钝。他们只是陷入了一种无法自拔的境地，摆脱不了某种莫名的禁锢，找出很多幼稚的理由，甚至是强词夺理地欺骗自己。直到某天，被自己的固执所伤，被迫放弃了自己的坚持，或者失去了最重要的东西，才明白自己所坚持的不过是一场虚幻的梦境，根本就没有意义。亲爱的女人们，不要太过感情用事，也不要太过相信自己的判断，该认错的时候就认错，该放弃的时候就放弃，保持开阔、通达的心态，才能更加游刃有余地面对人生。

# 第 9 章

# "淡"在过往之外:
## 忘不了是凄然，放得下才释然

我们总会对一些事情念念不忘，不断地在回忆里寻找，留恋于最初的美好，沉浸其中，不愿走出来。然而生命中不断地新旧交替，如果只一味地沉浸在过往所带来的那些快乐或遗憾里，就会错过眼前的风景，乃至整个生命的旅程。学会让自己抽身而退，淡然地面对过往，才能摆脱内心的纠缠。时刻提醒自己，给自己一点点勇气，会走得更从容、更快乐。

# 过往是一座时间的牢

女人的情怀就像发丝一样细腻、柔软，因而要特别具备摆脱牢笼的能力，才能不被过往所牵绊，勇往直前地向前走。

随着时光的流逝，过往会被一点点地封印起来。那些走过的路，经过的事，犯过的错，爱过或者恨过的人，都会被打上各自的烙印，而后分门别类地存放进特定的收纳箱里。想要重新回味时，只能从里面取出来欣赏和回忆，却没有办法再回去。

但显然，我们都不甘心、不满足于只能与过往相对而视，却不能靠近或者改变。19世纪末，传奇科幻小说家威尔斯写下了举世瞩目的《时光机器》。在那个年代，他曾被人们称作"可以看到未来的人"。人们相信，时光机器是可以实现的。从那以后，时光的转换就成了小说家们热衷的元素。而对于某些"70后"和"80后"来说，承载着梦想的时光机就要属日本知名漫画故事《哆啦A梦》里的机器猫小叮当。那时候，是真的很羡慕故事里的男主角大雄能拥有一只功能强大的小叮当。也想过，如果自己拥有一台时光机，会用来做什么。后来发觉，不同时期，想法是不同的。小时候想要去向未来，想知道自己以后究竟会变成什么样子。可年纪逐渐增长之后，就会越来越想回到过去。想找回过去的简单和快乐，想改变自己的选择，想纠正自己的错误，想消除曾经的尴尬，想把错过的那个人找回来。

时光机当然不会真的存在，所以那些过往只能定格在原地，再也没有办法改变。如若不肯承认这一点，就只能活在幻想中。而活在幻想中的人，又如何以正确的姿态向前走呢？有段时间，长久地与一个纠缠在过往中的女孩交流。因为一些事情让她无法释怀，涉及成长环境、家庭、朋友和爱过的人。总是在想，如果过去不那样选择或者那样做，就不会有现在的结果。渐渐地，她不喜欢现在的生活方式，不喜欢工作，不喜欢周围的人，觉得现在生活中所有的负面因素都是以前造成的。如此过度地沉浸在过往中，使她的生活受到了很严重的影响，对现实中的一切似乎都提不起兴趣。

"我真的不知道该怎么办才好。"她对我说，"我也知道这样不行，过去的事已经过去了，没办法再改变，但我就是不能控制自己去想。而且一旦想起来，就会长时间走不出来，会影响我做其他的事。"我说，你举一个例子，说一说有什么样的事是你过去想做，却没做成，因而才会放不下的。她想了想，说过去总是向往自由，想到处旅行，一直没能实现。觉得自己没能好好利用青春的时间，很后悔。而且那时候，家人也不支持，不像现在的孩子，很小的时候就有机会出去看世界。我说，那你不如利用假期的时间出去旅行。其实并不难，只要勇敢地迈出步子，去实现一个过去没有实现的愿望，也算是对过去的祭奠吧。

几个月之后，她申请休年假，又额外请了几天假，并为外出旅行做了详细的规划。这一次，她是很认真地走出去的，去到自己梦想中的地方。一路上，她与我保持联络，告诉我当地的风土人情和精美的风景，也告诉我有些地方并不像自己想象得那么美丽诱人。20 天的时间，品尝了喜悦、失望和艰辛。回来的时候，我们在机场相见，她说"回家真好"，我们相视而笑。通过这次旅程，她终于明白，对于过往的纠缠是没有意义的事情。当初没能选择的，当初没有做到的，如果真的做了，也不会使现在的生活改变多少。就像一直期盼的远行，真的去实现了，才发觉还是会想念属于自己的城市和生活。

人生都不可避免地会积累很多无法释怀的过往，而有时候，过往的诱惑力要远大于现在或者将来。因为它不可改变，因为它再也无法触碰。就像人们通常所说的，越是得不到的东西就越想去得到。而事实上，得到与否真的已经不再重要了。过去唯一的用处，就是让我们不再想回到过去。当我们能够意识到过往的本质，就会发现过去真的没有什么值得留恋的。也许真的丢掉了很多，错过了很多，可同时也获得了很多。命运给予我们的不只有缺失，还有得到和惊喜。有了过往作铺垫，才会拥有属于自己的现在和未来。

所以，不要再沉迷在过往里，它已经被时间牢牢地锁住了，只留下记忆的碎片。如果放不开过往，就等于是将自己也锁进了牢笼，停滞不前的结果就只能让自己沉沦在时间的流逝里，拖着一副皮囊，行尸走肉般地活着，又是何苦。女人的情怀就像发丝一样细腻、柔软，因而要特别具备摆脱牢笼的能力，才能不被过往所牵绊，勇往直前地向前走。

# 放下该放下的，让回忆随风而逝

**要学会放下该放下的，让那些过往随风而逝，才能拥有更适合自己的生活轨迹。**

佛说，如何向上，唯有放下。菩提本无树，明镜亦非台。本来无一物，何处惹尘埃。放下就是这样一种心境，仿佛温柔的微风轻轻拂过面庞，给人带来无限的开阔与心旷神怡。漫漫人生之路，谁都想走得更轻松一些，于是要学会放弃那些多余的负累。然而，对于很多人来说，放下是无比艰难的选择，尤其是放下那些难以释怀的过往。

一路走来，我们都是有故事的人。曾经单纯，曾经快乐，曾经忧伤，曾经迷茫，经历了很多难忘的欣喜和感动，也经历了很多不愿再面对的伤痛。这些统统都留在了记忆的行囊里，成为一段又一段过往。有的时候，过往是一种财富，带着它继续前行，可以帮助我们看清前方的路，做出正确的选择。而有的时候，过往又会是一种负累，执著地保留着它，可能会成为前行中的障碍，使我们无法更轻松地面对未来。因而，放下该放下的过往，是每个人的必修课。

看到过这样一个广为流传的故事：一对夫妇在结婚很多年后才生下一个男孩，视为珍宝。某天，丈夫出门前看到桌子上有一个药水瓶打开了，因为赶时间，他没来得及盖上盖子，而是大声叮嘱妻子把药瓶收好。而当时，妻子正在厨房里忙碌着，虽然听见了丈夫的话，却很快就忘记了。后来，男孩在玩耍时看到了桌上的药水瓶，被药水的颜色吸引，误认为是饮料，拿起来一饮而尽。因为药水的成分浓烈，男孩被送往医院的时候已经离开人世。妻子又惊又怕又悲痛，不知道该如何向丈夫交代。而当接到通知的丈夫赶到医院，面对手足无措、目光呆滞的妻子时，他只是紧紧地抱住她，然后说"我爱你"。

我不知道这个故事是否真的曾发生在现实中，不过我和我身边的朋友都不曾遇到过拥有如此大智慧的人。当得知既定的事实时，可以果断地放下心中的伤，不咒骂、不怨恨，用包容和理解的态度扭转困境，避免事态的影响再扩大，给双方都留下难以磨灭的记忆和伤害。相反，现实生活中，我们常常会遇到因为小事纠缠不放的两个人。哪怕是过去的一段争执或者错误，也要扎根在记忆里，不断地提起，不断地炒冷饭，好像生怕自己或对方忘记那些不愉快。

一次，在西餐厅里偶遇一位旧时的朋友。我们学生时代就已相识，她是个漂亮的女孩子，文化素养也不错，但性格并不特别讨人喜欢，因为总是喜欢翻旧账。与她有过争执的人，伤害过她的人，都会让她一直记恨着，时不时地就会旧事重提。好在我与她并没有什么深交，彼此间倒还融洽。多年未见，她显得很开心，向我介绍身边的男友和现在的生活。盛情难却，我只好和她拼桌，听她滔滔不绝地讲述自己的经历。闲话中，我提起那时的一份新年礼物，是在某年班级活动的时候，抽签抽到的，我记得当时只有我们两个女孩抽到了相同的东西。

我的话音刚落，她就激动起来。说自己当然不会忘记那时的礼物，不过那件纪念品被男友收拾房间的时候不小心弄丢了。紧接着，她便开始抱怨，说男友不懂爱惜东西，之前还弄坏了两人一起买的一件贵重的工艺品。坐在旁边的男孩，脸色有点难看，说我又不是故意的，只是不小心，它坏了我也很心疼，咱们的心情是一样的，可你偏偏不依不饶，不时就要拿出来批判，有意思吗。

眼见事态要恶化起来，我只好劝几句。我说，都已经是过去的事了，何苦要紧抓着不放？一提起来，两个人都要受伤害。她的脸微微有点红，说这么重要的事情，怎么可能全当没发生过。我说，不管你如何在乎，弄丢的东西或者发生过的事，都不会改变。既然结果不能改变，一再地拿出来让自己后悔又有什么意义呢？她的男友小声附和我的话，说她就是这样，该放下的放不下，无端地给自己平添烦恼。

其实，人人都会有无法释怀的过往。哪怕是再小的一件事，只要缠绕在心里抹不去，就会给自己留下各种坚持的借口。而越是坚持，带来的负面伤害就越是无法控制。不只让自己凭空增添伤痕，还会波及身边的人。所以，固执地停留在无法放下的过往里，是百害而无一利的事情。我相信，没有人愿意让那些沉重的、毫无意义的事情停留在人生的背包里。于是，如何放下过往，摆脱那些错误、遗憾和懊恼，就成了每个人都在苦苦寻找的答案。

曾经，某个女人去见一位高僧，寻求解脱过往的方法。高僧递给她一个玻璃杯，让她端好，而后开始往杯子里加热水。眼看着杯子逐渐被水装满，高僧却并没有停下来的意思。直到热水溢出杯子，流到女人的手上。水虽然并不是特别烫，但在手上流淌的时间久了，还是会觉得微微刺痛。最终，女人受不了热水的温度，松开了端着杯子的手。玻璃杯应声落下，碎了一地。高僧没有说话，女人俨然已经明白了他的意思，转身离开了。

每个人都有自我保护的意识和本能，当感到疼痛时，便会松开紧握的手。而当过往的那些伤刺痛着神经，你会不会果断地放弃，还自己一份轻松的心境呢？总有些事，是不需要留在记忆里反复回味的。过去了，就让它成为历史中的尘埃，尘归尘，土归土，然后重新面对今后的生活。也许还会遇到相同的人，遭遇相同的事，同样还是要在时间流逝之后回归平静。然而，想要做到如此，又是何等困难。

或许对女人来说，最难以放下的过往便是感情。曾经用心爱过的那个人，为他放低自己、改变自己、委屈自己，到头来没有换回想要的结果。会觉得很不甘心，会有无限遐想，总是纠缠在无法原谅自己的心情里。可过去的种种，已经再也回不去，但那些事和那个人却怎么也无法抹掉，任凭如何留恋，都无济于事。这样想的时候，就觉得不如索性全部都放弃。但想归想，还是会在碰到某件事的时候触景生情。

梁咏琪在《短发》里幽怨地唱："我已剪短我的发，剪断了牵挂，剪一地不被爱的分叉；我已剪短我的发，剪断了惩罚，剪一地伤透我的尴尬。"从那以后，剪发似乎成了一个敏感的选择。给自己创造一个重新开始的机会，未必不是一种放下的方式。任何的改变都是与过去告别，而当你刻意想要告别的时候，虽然不能立刻见效，但也会在岁月的流逝里形成习惯。某天，再记起那些事或者再遇到那个人，只是微微一笑，转身离开，这时便算是真的放下了。

一位朋友在日记里写，我没想到，所有的感情都会在一瞬间消失得无影无踪。以为自己无论如何都没办法摆脱那个人的影子，可两年后，我在路边遇到他迎面而来，只是轻声招呼，就擦肩而过，没有任何留恋和难过。因为知道，他已经不是我生命里的人，因为这两年我已经改变了自己的生活。现在的我，是与他无关的普通人。其实放下并不是多么难的事情，但却是必须要努力去做的事情。

生活中、工作中、感情中，总会发生些难忘的事，过去之后便留存在记忆里，成为过往，困扰着继续向前走的人。要学会放下该放下的，让那些过往随风而逝，才能拥有更适合自己的生活轨迹。

# 成了过客的那个人，偶尔纪念一下就好

成了过客的那个人，已经没有必要再继续纠缠了。他留下了一段记忆、一些习惯、一点印记，就已经完成了使命，可以被放进内心的死角。偶尔拿出来回味一下，想想自己还曾有过那样一段生活，就已经足够。

人的一生中，会遇到很多人。与他们之间发生各种各样的关系，而后，有的人停留在生命里，扮演各种角色，成为人生的一部分；有的人则渐渐淡出视线，选择离开，成为过去。后者便可以看作是生命中的过客，来去匆匆，不留痕迹。

其中，总有那么一个人，虽然注定只能成为过客，但却是令人无法忘记的。因为曾经在自己的生活中掀起过很大的波澜，被看作是非常重要的人，以为这一生都不会再有其他人能够代替，却在岁月的流逝中弄丢了彼此，犯下了无法挽回的错误。当某天，再次记起那个人，他已经成了"别人的"，那些在一起时发生过的温暖的、浪漫的、痛苦的事，都只能是"曾经的"。忽然意识到，那个人真的已经走出了自己的生活，永远都不会再回来。而此时的痛，才是真的深入骨髓的。

当手中安安稳稳地握着自己心爱的东西时，从不会意识到某天会失去它。于是，心安理得地拥有着，毫不吝惜地折磨着，随性地索取或者抛弃。直到突然两手空空，觉得惶恐不安，才知道自己有多么在乎和不舍，却也已经来不及。所以，如果确信遇到了生命中不可替代的那个人，就要好好地珍惜拥有，不要轻易地将他变成"过客"。但同时，也要随时做好失去的准备，因为越是深爱，越容易失去。米兰·昆德拉说："当你还在我身边，我就开始怀恋，因为我知道你即将离去。"那么，倘若那个人真的成为过客，就将他放在内心深处的博物馆里，偶尔纪念一下，怀念一下，也就是了。

过往已经与现实无关。曾经的那个人，闯入你的生命，教会了你欢乐与忧伤，让你品尝到了幸福和痛苦，给了你无尽的人生财富。也许这就是他的使命，也许你们的情缘注定只能到此为止。你应该感谢他的陪伴，感谢他带给你不一样的生活和心情，感谢他帮助你成长。接下来的路，你要学会独立自主，学会凭借自己的力量前行，也算是对他曾经付出的一种报答。不要自我折磨，不要纠缠于那些不得不舍弃的过往，不要总是执著地想要从时光的缝隙里要回那个人，不管你愿不愿意承认，你们之间都已经没有办法再有交集。

时常有幽怨的姑娘提及过往所带来的伤害，多少年都不曾真的释怀。有时候，我不知道该如何面对她们，不知道该如何帮助她们遗忘那个过客。人人都懂得的道理，无须一遍又一遍地重复。很多时候，不是不能明白自己的处境，而是没有足够的力量摆脱目前的处境。那种无力感和无奈的心情，我也曾有过体会。但所有这一切，都不能作为绝望的理由。我们不能给自己的堕落寻找任何借口，面对人生的特殊考验，只有勇敢地闯过这一关，才能重塑自己的未来。因而我仍然会试图给她们力量和信心，让她们更加理性地作出决断。

曾有一个叫小琪的姑娘问我："如果和一个人在一起很多年，是不是就会形成习惯，即使分开也没办法真的断掉联系？"我说，既然已经选择分开，就说明他并不是陪伴你继续走下去的那个人，不管你是否还会保留他的习惯，不管你是否还难以忘记过去在一起的种种，他都不得不消失在你的生命里。她说，我知道，可我就是说服不了自己。后来，她为我讲述了自己的那段过去。

那个人是在她身处落魄的境地时偶遇的，当时她以为自己会一直走进无尽的黑暗里，没想到他却竭尽全力让她看到了希望之光。于是，她以为这个人是上天恩赐的王子，是要陪她走过生命黑暗的。他们在一起度过了 6 年的时间，起初，像很多情侣一样，用心地经营彼此间的感情，寻找各种各样新鲜的生活方式。她懂得他所有的喜怒哀乐，包容他的失败和错误。他也懂得她的细腻温婉，小心地保护着她的心思。旁人都说他们是珠联璧合的一对，天生注定要走到一起的。在时光的流逝里，他们都未意识到生活在逐渐发生着改变。当他们都已经习惯了彼此的存在，便开始向往新的世界。结识新的朋友，进入新的圈子，那些新鲜的人和事动摇着他们固守彼此的心。后来，他们忽然觉得长久地停留在生命里的这个人，似乎已经不那么重要了，甚至偶尔还会变成一种阻碍。于是，想要摆脱的念头生根发芽，最终成了一拍两散的结局。

分开了，才明白那个人的位置有多么重要。很多习惯仍然不自觉地保留着，所以那个人的影子始终阴魂不散。"有时候，我觉得自己的身上已经烙下了他的印记。"她说，"即使和别人在一起，也会不自觉地想起他习惯的方式，不能容忍别人与他不同的做法。我们后来又见过几次，虽然都很难忘记过去，但还是不可能重新复合。他说，他已经是我生命中的过客了，是我应该放弃的角色，没有什么好留恋的。我明白他的意思，但我忘不了。有段时间，我总是追着他，不管他怎么劝说，就是不肯放手，给他带来很多不便和伤害，现在想起来，觉得自己真的很无趣。"

"过客只能用来纪念。"我告诉她，"他有自己的生活和未来，已经不属于你生命的一部分。人生的路，走过去了就不能再回头了。所有的遗憾和不舍，都可以当成是成长中的历练，是为了让你以后懂得珍惜真正属于自己的王子。紧抓着过往不放手，就会失去新的机会，那才是最大的损失。你要尝试改变，才能够看到新的契机。"她似乎明白自己必须放手，表示愿意尝试将他排除在自己的生活之外。

成了过客的那个人，已经没有必要再继续纠缠了。他留下了一段记忆、一些习惯、一点印记，就已经完成了使命，可以被放进内心的死角。偶尔拿出来回味一下，想想自己还曾有过那样一段生活，就已经足够。如果强行想要找回过去，就只能加重自己的伤痕，并且让自己变得丑陋不堪。

学会放手，还自己一份自由。只有你不愿遗忘的，没有真正无法遗忘的。淡然地面对过往的那个人，才能看清明媚的未来。

# 学会从过往中吸取经验教训

**不管是成功的过往，还是失败的过往，都不能随手丢弃。它们的价值也许远远大于我们自己的想象，只有善于窥探其中奥秘的人，才能更好地利用它们。**

忘记过往，是很多人都在努力去做的事情。不管是快乐的，还是痛苦的，都不能沉浸其中。就像老一辈人常说的，人要往前看。然而，过往并不仅仅是只能用来忘记的。经历过的人和事，做出过的选择和决断，获得过的成功和失败，是需要好好分析、总结和记忆的，它们会为未来的路指明方向，而人生就是在不断地积累经验与教训的过程中成长的。

学生时代，历史老师曾一再地强调读史使人明智的道理。五千年的历史长河中，发生过许多事，古人的智慧一点一点地被积累起来，对于现代人来说，是一笔非常宝贵的财富。如果深入地了解历史，就会发现现代生活中的很多事，仍然离不开古人的指教。因而至今，我们已经习惯运用古人的理论来教育后辈。西汉的贾谊在其《治安策》中，分析了前朝的暴政，总结说，前车之覆，后车之鉴。从那以后，成语"前车之鉴"被广泛使用。

成长过程中，我们会经历很多事。难免会有一些挫折和伤害，是付出过惨痛代价的。而面对这些负面的事情，究竟是该满不在乎地忘记，还是将它们留存在记忆的角落里引以为戒呢？这其中的平衡，需要恰到好处地把握。既不能一味地沉浸在过去所带来的悲伤里，也不能让它们毫无价值地散落在风里，消失得一点儿也不剩。我们要学会正视那些过往，并且从中获得有价值的经验和教训，才能在今后的路上时刻提醒自己，以免再次陷入类似的麻烦或者掉进相同的陷阱，也就是所谓的 "不能在同一个地方跌倒两次"。然而，看似是很简单的道理，想要做到却不那么容易。

多年前，身边有一个性格活泼的朋友，做事常常欠考虑。我曾告诫她，做事要耐心、细致，不要犯相同的错误。她不信，与我争执，说自己怎么会笨到那种地步。结果后来，还是因为自己的疏忽遭遇了不可挽回的事。那段时间，她的工作很忙，常常加班到很晚才能休息，所以白天的时候精神会有些恍惚。而她又有炒股票的习惯，每天不折腾一两次，就觉得不痛快。于是，这种疲惫的生活丝毫没有影响她对股票交易的热情。因此，事情就出在了她的股票上。之前有过一次，她因为精神不集中，看错了买入价格，害得自己吃亏。结果这一次，她又因为头脑不灵活，不小心算错了买入成本，又输错了买入数量，这回遭受的损失远比上次更惨重。

她苦着一张脸跑来找我诉苦，说到底该怎么办。我无奈地苦笑，我说之前已经反复提醒你，要留意自己的脚下，可你不爱听，觉得自己不会那么笨。其实有的时候，能不能接受过去的教训与聪明或者愚笨没有必然的联系。再聪明的人也有犯错误的时候，再愚笨的人或许也能安安稳稳地走路。因为，聪明的人喜欢自以为是，看不清前方可能发生的挫折，总觉得自己可以安然度过，走得太过自信，太过张扬，太过肆无忌惮，就容易跌倒。而愚笨的人只要能看清自己的愚笨，反而可以小心翼翼地走，虽然脚步会慢一些，但不容易跌倒。你不好好记住过去的教训，转过头就忘得一干二净或者完全不在乎，怎么能避免下一次的错误呢？

从那以后，我的这位朋友真的改变了处世的态度，在她的身上也没有再发生类似的事情。其实，接受教训并不是一件很困难的事情，关键在于当事人是否能以正确的心态对待过往的失误或者错误。拿这位朋友来说，如果她第一次犯错之后，只是不甘心自己平白无辜失去的那些损失，吃不下饭，睡不着觉，想尽办法想要在今后的操作中赚回来，或者像她选择的那样毫不在意，盲目地认为自己必定不会再犯错，结果都可能造成第二次失误的发生。只有认清错误并从中吸取教训，时刻警醒自己，才能避免类似错误的发生。并且，这样的态度不仅适用于工作和生活，感情方面也同样适用。感性的东西，也并非毫无规律可循。

不知你是否发觉，总有那么一类女孩，不管经历过几个男友，都是相同的类型。明明是不可靠的，没办法长久在一起的，但离开一个之后，下一个还会同样如此。有人说，每个人都有各自不同的气场，拥有什么样的气场，就会吸引什么样的人，所以同一个女孩吸引到的男孩都是差不多的类型。可在我看来，气场固然是一种缘故，更多的还是在于自身的选择和判断。比如，某个女孩想要找经济条件比较优越的男友，那么她可能会不停地成为花花公子的牺牲品。如果她想要改变这样的状态，就要从根本上调整自己的想法。

多年前，通过朋友结识一个女孩。相貌算得上是女孩中的佼佼者，有稳定的工作和收入，性格也开朗活泼。家人始终想要她嫁个家庭条件优越的人家，而她也并没有彻底反抗这种强加的理念。25岁前，家人为她介绍过几个男孩，她觉得诸多不合适，都拒绝了。其实还是不肯接受有钱男人的那种习气。25岁时，她勉强接受了家人介绍的一个同龄人。男方家有自己的产业，经济条件是很优厚的。但男人的脾气和习惯都很坏，拈花惹草、花天酒地是家常便饭。她没办法忍受，想分手，却遭到家人的反对。忍无可忍的她只好看准机会抓住男人的把柄，才成功地分了手。这段经历给她带来了很大的伤害，那段时间朋友们见到她时，都觉得心疼，也都劝她尽快摆脱阴影，好好地重新开始。

第二年，她又找了新的男友，是单位其他部门领导的孩子。家境也算是不错，她的家人也还算满意。虽然那个男人其貌不扬，又不懂关心人。我想，她或许是累了，不愿再经受起伏，就决定嫁了。婚后当年，她怀孕了，每天挤公共汽车上班，男人宁可多睡一会儿也不愿送她。怀孕 8 个月时，她挺着大肚子上班、买菜、做饭、洗衣服，男人依旧是衣来伸手饭来张口的样子。偶尔晚上晚归，喝酒吃饭应酬，从不曾耽误。孩子生下来，两边父母定期看护、帮忙，男人还是我行我素，没有为孩子付出过半分的辛苦。结婚两年之后，她选择了离婚。

我朋友至今说起她，还觉得很心痛。这样好的女孩子，又肯努力，为何就只能换回这样的结果。我说，那是因为她没能从根本上改变自己的想法和态度。有些男人，不是真心付出，努力去照顾，就能改变他们的本性的。多数富家子弟的习性都是大同小异，如果能够在第一次的伤痛中改变自己的追求，可能就不会是这样的结果。当一条路走不通的时候，我们要明白它为什么不通，如果只是盲目地改走另一条路，就很可能是选择了附近的岔路，会得到一个殊途同归的结局。

不管是成功的过往，还是失败的过往，都不能随手丢弃。它们的价值也许远远大于我们自己的想象，只有善于窥探其中奥秘的人，才能更好地利用它们。所以，我们不妨用心地发掘那些经验教训，未来的路才会走得更加顺畅。

# 过往不复,释然才能求得解脱

> 生活可以改变,性格可以改变,习惯也可以改变,时间可以带走当初发生的一切,只是带不走内心的固执和坚持。

你是否曾反复设想,如果没有当初的选择和决定,就不会有后来的失败和伤痛。你是否曾在这假想中纠缠,无法摆脱,甚至耽误了眼前的事。你是否试图脱离这种状态,想要放弃那些不切实际的幻想。

"过去的事,就让它过去吧"这是电影和电视剧里常见的台词。以前听到这句话,觉得很无力。没有亲身经历,当然可以说得如此轻松。如果事情发生到自己身上,怎么可能说忘记就忘记,说不在意就不在意呢? 可后来发觉,这句话虽然没有多少力度,但却也是一句实实在在的话。过往不复,很多事,很多人,转过身便不再有任何瓜葛。哪怕是再惨痛的经历,都会随着时间的流逝被淹没。终究有一天,会明白当初以为今生今世都无法原谅的人或事,其实轻易地就可以不再记起。

孩童时代,曾被迫放弃自己的爱好,整日淹没在课本里,为分数斤斤计较,辛苦拼搏。那时候,对父母的做法是有些怨言的,不能够理解,只是一味地抵触,得不到自己想要的东西,就觉得人生无望,好像天要塌下来了一样。经历过的那些事,也认为必定是一生都无法忘记的。成长过程中,有很长一段时间不能面对过往。想起那些事,就觉得委屈,或者将当前的处境归咎于过往所带来的后遗症。直到随着年纪和阅历的增长，才逐渐能够明白那些过往并不像我们想象的那样难以放弃。虽然，过往的确是带来了伤害，但长久之后，真正的伤害就不再是来自过往，而是沉浸在过往中的我，自己伤了自己。

想要从过往中解脱出来，并不是一件容易的事。但人的精力总是有限的，只要能够专注于现在的生活，就会很自然地看淡过往。比如，你觉得过往的求学生涯里，没能更好地完成学业而留下诸多遗憾，那么与其在过往中懊恼，不如将更多的精力倾注于工作。倘若能够在职业生涯里获得意想不到的成果，那么过往的那些遗憾自然就可以释然了。再比如，你曾与一个心爱的人相恋多年，但不得不因为一场误会而分开。那么与其后悔自己草率的决定，不如勇敢地面对未来，当下一个人出现的时候，不要再犯相同的错误，这就够了。

没有人可以一帆风顺地向前走，总会有这样或那样的遗憾、错误、曲折。其中，有的是自己造成的，还有的却是别人造成的。诸如那些与欺骗、背叛、陷害有关的事，相信每个人都或多或少地有过类似的遭遇。我的身边就有个很简单的例子：一个刚刚毕业的女孩在办公室负责内勤工作，因为资历浅，关系也浅，几乎所有的麻烦事都推给她。交代给她工作的女上司时常拿她的成果去交公，声称是自己完成的工作。还有好几次，将自己的黑锅扣到女孩的头上。所以这个女孩特别气愤，见到这个上司就像见到仇人。后来这个女人离开了单位，女孩也升职了，做了办公室的主管，但她仍然无法释怀过去的旧事。如果周围有人提及那个女人，她必然要竭尽全力诋毁一番。后来突然有一天，她翻然醒悟，觉得自己这样做很没意思。那个人已经淡出了自己的生活，自己还念念不忘，还会生气，这不是拿别人的错误惩罚自己吗？想通之后，她就彻底摆脱了过去的那些不快。

其实，过去真的没有什么大不了。即使在当时以为是天大的事情，过后都会变得不值一提或者一笑而过。有句话说，你若不想做，会找到一个借口；你若想做，会找到一个方法。所以很多事，并不是不能淡忘，而是不想淡忘。如果真的想要淡忘，是没有什么能够阻止的。生活可以改变，性格可以改变，习惯也可以改变，时间可以带走当初发生的一切，只是带不走内心的固执和坚持。

记忆中唯一一次与好友争吵，是因为她执著地不肯放弃过去的一段感情。任凭周围的人怎样劝说，就是坚定地认为自己这辈子是放不下了。我专门找时间和她谈，希望她能改变一下现在的生活，尝试一种全新的状态。她毫不犹豫地丢给我一句："我改不了。"我很气愤，回敬她，我说你不是改不了，而是不想改。你都没有去努力尝试，怎么就认定改不了呢？一件事情在真的去做之前，自己就认定了结果，那又怎么会有另外的结局呢？她争辩，说过去对她来说太重要，怎么会说不在乎就能不在乎。我问那么你是否愿意为了过去放弃未来，如果你的回答是肯定的，我就不会再劝你，我可以当做从未与你相识，因为你已经停止成长，而我将继续向前走。这一次，她没有立刻回答，想了很久，似乎下了很大的决心，才说："我不要。"我挖苦她："真难得，你终于明白，为了别人不值得搭上自己的人生。"

这番对话结束后的第二周，这位好友就已经轻松地过上自己的小日子了。就好像什么都没有发生过，就好像从来都没有痛苦挣扎过。周围的朋友都感叹她的改变竟然如此之快，而在我看来，坚持与放下，中间看似相隔万里，不过只是一念之差而已。摘下自己给自己套上的枷锁，就能挣脱过往的束缚。

淡定地面对过去，让自己获得解脱。懂得在过往中释然的女人，才能拥有美丽而丰盈的未来。

# 第 10 章

## "淡"在贪婪之外：
## 不被贪婪所诱惑的人最没有负担

在贪婪者的眼中，没有妥协或者放弃的概念，只有不断地索取和追求更多自己想要的东西。可如果眼睛始终盯着自己的利益，甚至不惜牺牲别人的利益来满足自己，就会面临走向覆灭的结局。聪明的女人懂得如何克制自己的贪欲，凡事细水长流，日积月累，才能获得更多。

# 贪婪的女人什么都想要，却什么也得不到

> 什么都想要的女人，终究什么都得不到。那颗掉落黑暗深渊的心，如果不能及时被阻止，必将在时光的流逝中灰飞烟灭。

有人说，女人是世界上最贪婪的动物。对容貌、对服饰、对金钱、对名利、对男人、对爱情，女人的索取仿佛永远都没有止境。皮肤再好也要用高级的化妆品，衣柜再大也总是被装得满满的，名牌再多也还是要抢购折扣品，手里的钱再多都不够还信用卡，职位再高都不会失去向上攀登的动力，身边的男人再好都不是自己最想要的类型，得到的爱情再多都不足以平复惶恐不安的心。

几千年前，孔子说："唯女子与小人难养也。"几千年后的今天，仍然有许多父母、丈夫或男友在苦苦地满足着自己身边的女人。其实，并不是女人天性要比男人贪婪，而是女人的自我克制能力要差一些，容易被自己的欲望牵着鼻子走。倘若拥有一个可以肆意索取的环境，10 个女人中至少有 6 个会变得越来越贪婪。就像现在我们所身处的时代，贪钱、贪名、贪利、贪权、贪爱的女人很多，只要条件允许，她们就不会甘心放过手边的机会，因为在她们的内心不存在节制的概念。

记得小时候，父亲带我去逛街。当时学校里很流行弹力球，孩子们几乎人手一个，父亲便答应给我也买一个。当我得知一个弹力球只要一元钱的时候，就央求父亲给我多买几个。父亲笑着问我："咱们说好只买一个，你为什么改变主意

了?""因为它卖得挺便宜的。"我毫不犹豫地回答。"可你一次只能玩一个，对吧?"父亲继续问："多余的买了也只是搁置着，不如省下这些钱买点儿别的。"我不知道该如何反驳他的话，只好被迫放弃要求。回家的路上，父亲告诉我，即使是廉价的东西，也不能毫无节制地索取。从那以后，我学会了节制。当我想要一些东西的时候，会强迫自己放掉那些暂时不需要的。

现在很流行一种观念，即"女孩要富着养"。我看不出这句话有多么深刻的道理，但盲目信奉这句话的人，倒是很容易塑造一个贪婪的女人。我曾遇到过一位对女儿百依百顺的父亲，凡是女儿喜欢的，想要的，他都会尽全力去满足，几乎从没有拒绝过什么。女儿不想读书，他不强求。女儿不想工作，他也默许。女儿想早早嫁人，他也不反对。直到某天，女儿两手空空地回到家里，而他也再无力负担女儿的要求。女儿指着整整一个房间的东西问他，你到底给了我些什么?他茫然地望着眼前的女儿，对她说，这些东西都是你想要的。而后，女儿狠狠地告诉他，我想要的远不止这些，你该明白。以前别人都说我太贪心，早晚会一无所有，我不相信，因为你给的幻觉让我以为只要是想要的就能得到。但现在我终于明白，想要的东西太多，就什么也得不到。

这故事有点儿像那个知名的童话《渔夫与金鱼》，拥有了索取的条件，便以为可以无限制地提出要求，内心的贪婪逐渐膨胀，变得肆无忌惮，就好像别人的给予是理所应当的。可世界上并没有天上掉馅饼这回事，没有无条件的付出，也没有无条件的获得。处处表现出贪婪的女人，只能让人敬而远之。

某天，几个朋友一起吃饭时谈及女人的各种缺点，其中一个男人向在座的几个人讲述了他曾经遭遇过的一个女人。那时候，他还没有女朋友，于是他的一位女同事就将自己的好友王某介绍给他。第一次见面的时候，是 3 个人一起。吃饭、喝咖啡、娱乐，所有的费用都由男人来承担。之后，3 个人去商场闲逛，那个叫王某的女孩说要买包，精挑细选了好半天，才确定了自己喜欢的，去结账的时候，说自己带的钱不够，当场就开口向男人借钱，说下次见面再还他。男人愣了几秒，碍于身边同事的面子，也就没好拒绝。从那以后，他与女孩还保持着联络，但并没有要发展成为恋人的想法。大约过了两周，女孩主动约他出来玩。本以为是为了要还先前欠下的账，没想到见面时女孩不仅没有提还钱的事，还想让他帮忙买新款的连衣裙。这一次，男人实在忍无可忍，下定决心与她断了联系。"我和她说，上次借你的那几百块，就当我施舍给你的。"男人告诉我们，"我不知道之前她身边的人是怎样容忍她的。这么贪婪的女人，连最起码的矜持和道德都没有，真让人觉得害怕。"

其实，贪婪并不可怕。每个人都不可能将内心的贪念扼杀得干干净净，但贪得毫无顾忌，就难免要引起周围人的不快。试想，如果你的身边有一个贪得无厌的女人，不停地向你索取，或者变着法子占你的便宜，你一定不会欢欣雀跃地任她宰割吧。因而，贪婪的女人不管在何种情景下，不管拥有多么冠冕堂皇的理由，都是不会得到同情或照顾的。

还有的女人，沉浸在被爱的感觉中，要身边的男人为自己付出，让自己像公主一样被宠着。而自己只是享受这种感觉，要别人按照自己的要求做到所有，却从不为别人考虑。可是，当感情被疯狂地据为己有，危险也在渐渐逼近。没有哪个男人会长久地放低自己为一个女人付出，即使再痴情，即使再爱，都会有认清现实的那一天。当他们领悟到面前的女人注定无法满足时，又怎么会让自己陷入万劫不复的境地。

大学时，宿舍里的一个女孩曾同时与好几个男孩交往，因为外形和性格比较讨喜，深得男孩们的宠爱。她并不与某个人确定关系，只是游走在几个人之间。其他女孩们问她，为什么喜欢这样。她得意地说，一个男人的爱满足不了她。以前只专注于一个人的时候，男孩觉得特别辛苦，后来她不得不找了另外的人来分担，结果就形成了这样的局面。那时，她并未意识到自己将会面临什么样的结局，直到后来所有人都离开她。再后来，无论她怎么努力，都没有办法得到真爱。多年的单身生活中，她反省了很多次，意识到是自己要得太多，迷失了本性。

一个贪婪的女人眼中，永远都只有别人拥有而自己没有的东西，总觉得自己拥有得太少，哪怕已经实现了很多个愿望，已经拥有了很爱自己的人，也不会感到满足。她们的心就像一个无底洞，里面是一片没有尽头的黑暗。她们试图填补这黑暗，却没有意识到自己正在被这黑暗吞噬。什么都想要的女人，终究什么都得不到。那颗掉落黑暗深渊的心，如果不能及时被阻止，必将在时光的流逝中灰飞烟灭。

# 财富不是幸福的根本

> 在沙漠里，一堆金子不会比一杯水重要；在现实生活中，一世的财富也不会比一颗真爱的心更实在。

"人为财死，鸟为食亡"是千百年来流传下来的道理。人类贪恋财富，就像动物贪恋食物一样，已经成了生存的根本。生活中，从衣、食、住、行，到精神需求，没有哪个方面是不需要财的。没有财，连最低标准的温饱都不能实现，所以人们无法舍弃财来谈论生活或者人生。

看到过很多关于女人爱财或者贪财的说法。例如，贪财的女人就是最聪明的女人；凭什么男人可以好色，女人就不能贪财。我不想对这些说法的正确或者错误妄加评论，我只是想说：凡事都有限度，不能盲目地做过了头。也许不爱财的女人过不上衣食无忧的好日子，但太贪财的女人也注定没有好结果。不要以为只要拥有吸引人的资本，就可以拿来敛财聚富。也不要以为别人会心甘情愿地用大把的钞票哄你开心。没有谁生来就应该为另一个人的贪婪付出代价，也没有谁能真正地不劳而获。所谓"君子爱财，取之有道"，爱财就要用适当的方法获得和积累，可以靠工作，可以靠理财，甚至可以偶尔的投机，但要想通过更便捷的方式或者干脆什么都不做，就收获大量的财富，显然是不现实的。而想要通过获得无尽的财富，来换回幸福，就更加不现实了。

"我就是想要钱。谁有钱我就和谁在一起。"这是我 5 年前遇到过的一个女孩，向我表明的态度。在她的眼中，没有什么是能够超越财富的。每次闲聊，她的话题都离不开与钱有关的东西。不管是钞票，还是房子、车子、股票、名牌、古董，只要是值钱的，她就喜欢，并且千方百计地想要得到。起初，我和她开玩笑："你的生活条件也挺好的，家境也还算优越，怎么就掉进钱眼儿里了。"她倒是毫不在意自己的态度，很直接地回答我："因为钱能让我生活得更好啊。有谁还会嫌钱多的？"我笑："那你还不努力赚钱，天天除了吃喝玩乐再没有别的事情可做。"她露出不屑的表情："爱钱就一定要自己赚钱吗？傻瓜。只要你有点手段，当然就会有人送钱上门。"我明白她的意思，但没有再继续这个话题。

不久之后，在一次聚会上听人说起她的爱财。从十几岁起，就喜欢和有钱的男孩女孩交往。24 岁的时候追着一个有钱的男人不放，做了不到两年的笼中之鸟，被迫净身出户。如今已经是奔三的年纪，还是时刻想着财富。不管是身边的女朋友，还是男朋友，没有钱的人她是绝对看不上眼的。大家似乎都不明白，她这么看重财富到底是为了什么。与普通工薪族相比，她已经算是富裕一族，没有生活和家庭的压力，可以衣食无忧，可以随手买自己想要的东西，可以随心娱乐，生活本应该是开开心心、无牵无挂的。可她仍不满足，不停地追求财富，却没有得到真正的财富。并且，身边连一个值得真心相对的朋友或爱人都没有。

贪恋财富的女人是可悲的，即使得到得再多，也不懂得珍惜。不会停下脚步珍惜自己的所有，只会被自己的那颗欲望之心指引着向前走。在她们的眼中，财富永远不会与"足够"二字发生任何联系，所以也就无所谓"得到"。从选择追逐财富的那天起，她们就注定得不到自己想要的财富。而抱着这种态度和心情的女人，怎么能够幸福呢？

我承认，时常会遇到开着名车，穿着名牌，拎着名包，出手就是几万块的女人，也许在旁人看来，她们已经得到了自己期盼的财富，但我并不认为那样就是幸福，即使其中有的人真正出身豪门。多数情况下，她们脸上的笑容是虚假的、做作的，财富可以满足她们的物质生活，也可以买来别人的关心和体贴，但也可以让她们清楚地看到这个世界的浮华和浮华背后的冷漠。她们其实都很清楚，如果手中的财富不再，她们的身边连一点真实的感情都不会留下。所以她们不停地挥霍手中的财富，证明自己的同时，也用来填补内心的不安和空虚。然而，真正懂得幸福、向往幸福的女人是不需要如此的。

身边的一位长相漂亮，性格又开朗明媚的朋友，亲身经历过一次赤裸裸的金钱诱惑。那天，她在熟悉的酒吧小坐，有个男人走过来搭讪，说自己留意她很久了。她见过这个男人很多次，在这家酒吧里，所以并不觉得陌生。两人聊了一会儿，彼此还都比较合得来。后来她向酒吧的老板打听，才知道这男人是本地的一个富豪，平日比较低调，人还不错。她也觉得，这男人虽然富有，但并不张扬，性格也还算温和，做个朋友也不错。某天，男人约她出来吃便饭，两人面对面坐着，聊得挺投机。忽然，男人从口袋里掏出一张银行卡，说里面有 50 万元，我想让你跟着我，你要不要考虑一下。说话时，男人的态度始终很温和，还带着些许诚恳的味道。她有些惊讶，带着一种不可思议的表情盯着对面的人。男人继续说，你要是没办法做决定，我还可以再等些时间。这 50 万元只是一点零花钱，如果你答应，我还有一栋别墅和一辆车子送给你。

最终，我的这位朋友没有答应。她声情并茂地向我讲述这段经历的时候，眼中还流露着对那些财富的爱恋之情。"真的，我这辈子都没见过这么多钱。"她说，"没有女人不爱钱的，我也爱。但是我之前遇到过这样的女人，成天守着一个空房子，还被男人看得那么紧。偶尔男人能有空和她一起，还得细致、周到、温柔地伺候着，我可不干这样的事儿。太憋屈了。想到这些，我就觉得无论如何我都不能答应。虽然我拒绝得不够痛快，可还是拒绝了。"

有趣的是，她后来与那个男人并未切断联系。因为男人说，她是第一个拒绝他的女人，他很敬重她，所以愿意把她当作普通朋友对待，无条件地帮助她。这种帮助当然不是金钱的资助，而是帮她创立自己的事业。从那以后，她常说，别人送到手里的财富并不能让人觉得幸福，只有自己争取到的财富，才能换来长久的幸福。女人不能因为贪财，毁了自己的本性。

什么才是女人真正应该拥有的幸福？是获得永远也花不完的钱，还是守着属于自己的生活和爱人？这是一个仁者见仁、智者见智的问题。但我想，财富终究不是女人幸福的根本，更不值得女人牺牲自己的青春、尊严，甚至人性去换取。就算拥有了一世都挥霍不尽的财富，也还是抵不过时间的洗礼，更躲不过天灾人祸的降临。就像在沙漠里，一堆金子不会比一杯水重要；在现实生活中，一世的财富也不会比一颗真爱的心更实在。可见，所谓"现实"，并不是让女人们养成贪财的恶习，而应该教会女人把握好自己想要的。在面对财富的时候，多一点满足，少一点贪婪。

# 想要得到很多, 先要付出很多

不管这个世界的现实多么残酷，不管我们是否真的相信世间的美好、前途的辉煌、梦想的实现，都要相信要得到多少，必将要付出多少的道理。

人的一生都在付出与得到之间徘徊。有的人付出了很多，得到很少；有的人付出很多，得到很多；却没有人付出很少，得到很多。即使拥有某次的好运和机会，也是要用心去把握，才能成功的。所以有句话说，付出不一定能够得到，但如果不付出就一定得不到。

自出生之日起，我们便得到父母和亲人的照顾，本应是自己付出努力才能得到的东西，总是有人不辞劳苦地送到我们手里。久而久之，我们习惯了被宠溺，习惯了不劳而获。而当我们渐渐融入这个时代，才能明白，想要得到的东西，必须自己努力争取。哪怕仅仅是想要喝下桌子上的一杯水，也要自己去拿。然而，总有一些人是被宠坏了的。如果身边有人，自己就不会动手去做。而如果身边没有人，就要找一个人放在身边。虽然他们也明白没有付出就没有收获的道理，但他们只想用最少的付出换回最多的回报。口口声声地说是在维护自己的利益，实际上却是想尽办法侵占别人的利益。

一个很简单的例子：凡是时常在市场徘徊的人，都遇见过那种喜欢斤斤计较的女人。她们通常并不是生活贫苦的人，却可以在摊主面前为了几块钱甚至几角钱磨上十几分钟，想尽办法挑刺，偏要说人家的货品不值出售的价钱。有的卖家怕影响后面的生意，不愿与她争执，索性就卖给她。可她得了便宜还不算，临走还要多拿走几样东西才罢休。每次我撞见这类女人，都要在心里狠狠地鄙视。我不明白她们贪图这点小利究竟有什么意义，也许只是形成了一种习惯，不占别人点什么心里就不舒服。也许对她们来说，花一元钱买到多于一元钱的东西，就是人生最大的追求和乐趣。

3个月前，朋友新开了家小小的实体店，出售外贸的衣服和包包。没多久，生意基本走上正轨，她的烦恼也随之多起来。几乎每天都会向我抱怨自己遇到的各类鸡毛蒜皮，而让她最不能容忍的，就是太过贪心的女人。某次，她接待了三位中年女人。几乎将能看得上眼的衣服挨个比对了一遍，又找出自己能穿的尺码，挨个试了一遍，选出自己想买的，然后开始挑肥拣瘦。说店里的衣服不值标价的钱，要打折，要降点价。朋友说，看在新店开张不久，可以打9折。其中一个女人立刻高声争论起来，说别以为我不知道你们卖衣服的利润有多高，我朋友就是做这行的，等等。朋友不理，说不想买就不强求。这时，第二个女人忙出来打圆场，说她们不是不想买，只是觉得价格太高，而且你这衣服尺码有问题，都没几件我们能穿上的。朋友惊得目瞪口呆，随即又气得七窍生烟，眼看第三个女人已经跃跃欲试，她只好果断地下了逐客令。

"真是气死我了。"朋友在电话里抱怨，"你说这些女人是不是太贪得无厌了。附近的几家店，我的标价是最低的。什么叫不值，她们知不知道除了衣服的价值还有其他成本，还有我的辛苦、我的服务，别以为我的钱就是天上掉下来的，我不用投入、不用进货、不用看店、不用赔笑的吗？这种人我真是见多了，即使你卖给她，让她捡了便宜，临走的时候还不忘说一句，你家的衣服和地摊货差不多，也就值这个钱。你说既然在她眼里我卖的是地摊货，她干吗不去地摊上买，要在这儿和我讨价还价。而且明明是自己身材太胖穿不了我进的码，还非得说我的衣服尺码有问题。简直是不可理喻。我看即使白送给她，她也不会满意。"

看她正在气头上，我只好劝她："总有些人是不知足的，想用最少的付出换最多的回报。你不退让是正确的选择。如果你退了一次，她们可能就会要你退第二次、第三次，甚至介绍身边的亲戚朋友一起来占便宜。贪心的人，是可以连尊严都不顾的。"

如果一个人被贪婪的念头侵占了本性，不停地想要得到，却不愿付出太多，最终必将会付出惨痛的代价。你可以抱怨"付出太多，得到太少"，也可以庆幸"付出多少，得到多少"，但唯独不能期盼"付出很少，得到很多"。聪明的女人懂得在得到与付出之间寻找最佳的平衡点，不会无谓地付出，也不会只求得到。哪怕是爱一个人，也要爱得有尊严、有价值，更要让那个爱自己的人认为他的付出是值得的。不要试图将对方的付出大把大把地收入囊中，自己却不肯给予半分。就像某些女人，喜欢被宠爱、被守护的感觉，一味地要求男人放低自己来满足她对爱情的需求，自己只是尽情地享受，根本不会花费半点心思去回报男人的好。她们并未意识到，如此下去，再多的真爱也会挥霍殆尽。没有哪个男人会放弃自己的尊严、生活和被爱的权利，去维系一个女人的贪婪。

所以，不管这个世界的现实多么残酷，不管我们是否真的相信世间的美好、前途的辉煌、梦想的实现，都要相信要得到多少，必将要付出多少的道理。其实很多时候，女人只要能控制一下自己小小的贪心，就能获得更多回报。

# 聪明的女人懂得知足常乐

懂得知足，并非是要放弃梦想；懂得知足，也并非是要停止奋斗；真正的知足，是懂得放下贪念，付出多少，就期盼多少回报。

《老子》里说："罪莫大于可欲，祸莫大于不知足，咎莫大于欲得。故知足之足，常足。"意思是说，最大的罪恶莫过于放纵欲望，最大的祸患莫过于不知满足，最大的过失莫过于贪得无厌。所以懂得满足的人永远是快乐的。

知足常乐，是一种理念和态度。对满心贪欲的人来说，如何遏制自己的邪念，是人生之路上最大的难题。懂得知足，并非是要放弃梦想；懂得知足，也并非是要停止奋斗；真正的知足，是懂得放下贪念，付出多少，就期盼多少回报。可以正视自己的得到与失去，珍惜得到，看淡失去，才能求得一份清高雅洁、悠然自得的生活。

也许你获得的并不是最好的，也许你根本无法获得；也许身边的人比你富有，也许身边的人比你运气好。但这些都不是最重要的，最重要的是你如何看待自己所身处的环境和生活，你是否能够意识到自己优于别人的特质，是否能满足于自己手中紧握着的所有，哪怕只是一件普通的衣服，一餐刚够温饱的饭，一间仅能安身的屋子，一份辛苦却安稳的工作。虽然它们在很多人眼中，不过是基本的生活保障，但正是因为有了这些，我们才能毫无顾忌地追求更多。

曾经，我认为我身边的一个朋友太过安逸、没有志向。守着朝九晚五的工作，虽然不忙但薪水也不高。每天的生活基本就是家和公司的两点一线，没有饭局，没有娱乐，没有出游，很少逛街。空闲的时间，看看电视，听听歌，或者照应一下家里的亲戚朋友。我不知道她的生活目标在哪里，她似乎并没有职业和人生的规划，不想跳槽，不想改变自己的生活状态，当然也没有什么烦恼，总是乐呵呵的。有时，我在为各种事情疲惫和烦躁的时候，会想起她那种简单的快乐，才能明白她所选择的生活方式并没有什么不好。以前，我埋怨她不愿改变，她就说，我家虽然并不富有，但生活也还算是安稳，并不比别人缺吃少穿，偶尔我也能买自己喜欢的东西，能从中得到开心。而在工作方面，家里没有关系，不能帮我，我就自己找了现在的这个工作，虽然薪水不高，但作为老员工还是可以得到一些照顾。我觉得，这样的生活会更适合我。

找到自己想要的，愿意接受适合自己的，这便是人生的智慧。在懂得知足之前，先不要说自己的心有多么大、多么广阔，因为如果不能收敛和掌控，这份心境会将人带入无尽的深渊。人生所能够拥有的东西毕竟是有限的，因为能够付出的有限。不要说心有多大就能得到多少，收获最多只能与付出保持平衡而已。如果贪得无厌，就很可能什么也得不到。没有人愿意为贪婪的人付出，因为不管付出多少，都不会得到对方的感激和珍惜。有个关于小孩的故事：一个小女孩为自己弄丢的玩具感到伤心，身边的朋友看不过去，就把自己的玩具让给了她。可是，她不但没有忘记弄丢东西的伤痛，反而更难过。她的朋友不理解，问她到底是怎么回事。她说，如果我的那个玩具不丢，我现在就有两个玩具了。她的朋友立刻反驳她，说如果你的玩具不丢，我也不会把我的让给你。你真是太贪心了。说完，她的朋友收回了送出去的玩具，转身走开了。

其实，相似的想法在成年人身上一样会有。当我们因失掉一件东西而得到另一件的时候，总会想，如果当初不曾失掉那件东西，现在自己就会拥有更多。但却不曾意识到，如果不失去，又哪会有获得。即使不能对之后的获得抱有感恩的态度，但至少要明白是因失去才得到的。就像人们常说，旧的不去，新的不来。只有旧的去了，才能为新的提供空间和机会。如果既想拥有新的，又不愿放弃旧的，最终很可能会像那位贪心的小女孩，落得两手空空，什么也没有得到。

一位女作家曾说："随着年龄的增长，我觉得我的人生观，也有很多的不同。我越来越宽容，越来越柔软。生命里经历了太多喜怒哀乐，看多了各种悲欢离合，使我感触很多，使我越来越相信，人生，什么都不重要，重要的是快乐。"这是一个历经世事的女人所洞察的生活态度，放掉了那些华而不实的追求，放掉了那些喧嚣的名利，只求能够让自己安稳、平和、快乐地投入生活。虽然这是上了年纪才明白的事，可对我们来说仍然有所启示。前人所走过的路，是可以留给后人借鉴的。我们不必真的等到与她相同的年纪，等到自己经受了挫折和痛苦，才悟到生活的本质。

人生中的知足，并不会影响到我们努力前行的脚步。相反，坎坷的路是需要这种自我解脱来保持一种平衡心态的。知足的人能够在乐观中保持平和，在冷静中洞察世事，在顺其自然中看准时机，在喧嚣中认清自己。聪明的女人必定是懂得知足常乐的，只有放下那么一点点贪心，才能得到更多幸福。

# 第 11 章

# "淡"在妒忌之外：
## 一切妒忌的火焰，总是从燃烧自己开始

妒忌之心人皆有之。我们不奢望能够彻底消灭内心的妒忌之情，但也不能肆无忌惮地放纵自己的妒忌。这个世界原本就存在诸多不公平，多想想自己的优势该如何发挥，总好过盯着别人的优势折磨自己。淡定的女人懂得如何遏制自己的妒忌之心，她们会告诉你，其实女人也可以不善妒。

# 女人的妒忌心比较重

女人的妒忌之心一旦燃烧起来，就很难平息。这把火烧着别人，也煎熬着自己，很可能会造成两败俱伤的结局。

人有七情六欲，并因此而产生出各种各样的感情和心情，妒忌便是其中的一种。有人说，妒忌是女人的天性。的确，女人的妒忌心就像司马昭的野心，是尽人皆知的秘密。没有哪个女人没有妒忌心，特别是当她们看到同类比自己更漂亮、更优秀、更有吸引力的时候，妒忌，几乎是每个女人都必定会产生的情绪。这似乎是一种与生俱来的攀比心、竞争心和虚荣心在作怪。所以，也可以说女人的妒忌心是上天赐予的。只是，妒忌心并非专属于女人，男人也同样拥有，只是被称作"大男人"的男人，通常要显示出自己的大度和宽容，很多时候被迫放弃计较的权利；而被称作"小女人"的女人，则拥有斤斤计较的权利。因而，看上去男人的妒忌心与女人的妒忌心根本就不在同一水平线上。

女人可以因为妒忌另一个人，而不惜一切代价地诋毁对方，或者给对方设置各种各样的陷阱，想尽办法将对方拉下马。这种看上去"不是你死就是我亡"的恨意，很可能只是来源于比较微小的细节，比如，对方的相貌比自己好看，对方比自己的薪水高，对方的男友比自己的男友条件优越，对方比自己在同类面前更受欢迎。甚至可能对方的一句话，一个态度，一个不留心时所做出的选择，都能在女人的心里留下痕迹。而男人的妒忌心则相对内敛、隐蔽，并且产生缘由不会太过微小。比如，对自己事业上竞争对手的妒忌，对比自己优秀的专业人才的妒忌。这些都是可以影响到自己人生之路的发展前途的，由此，世人难免会认为女人的妒忌心要远重于男人。

女人的妒忌心还有一个鲜明的特点：女人很容易对另一个女人产生妒忌心，进而逐渐发展成痛恨。会不自觉地想要贬低对方，伤害对方，哪怕是陌生的、与自己毫无关系的女人，都会成为自己的假想敌。难怪总有人感叹"最毒妇人心"，很多时候，女人的"毒"正是来源于强烈的妒忌心。

一位男性朋友曾非常不理解他女友的妒忌心，反复向我抱怨她的事迹。他第一次了解到她的妒忌心，是刚交往不久时，一起逛街发生的事情。当时，他们同时看到前方不远处有一个个子很高、身材窈窕、皮肤白皙的女人，穿着贴身的短裙，曼妙的身姿任谁都要忍不住多看上几眼。于是，女人开玩笑地问，你觉得这个女人漂不漂亮？他不明白她的用心，随口回答"当然漂亮，身材也很好"。话音刚落，她立刻拉着他拼命向前走，定要看到那个女人的容貌。可偏偏这个女人的长相和身材从正面看也是不错的，既然已经看了，他当然要多看上两眼。没想到，身边的她却像遇到了仇人似的，说这个女人的品位很差，不会穿衣服，又说这个女人走路的姿态不好看，气质也不好，哪里算是什么美女。那一路上，她不停地评价那个女人，后来越说越气，甚至开始用恶毒的语言攻击。他很不能理解女人的这种态度，想开口说几句，但考虑到两人的交往还不是特别深入，也就作罢。

在后来的交往中，他渐渐了解了女友的心态，说穿了，就是容不下别人比自己强，尤其是女人。办公室的女同事比她的衣服漂亮、昂贵，她要妒忌；朋友或闺密的薪水比她高，她也要妒忌；甚至路边毫不相干的陌生女人，只要比她能引起男人的兴趣，她照样妒忌。而一旦妒忌，就难免要恶语相向，或者打肿脸充胖子，与对方攀比。后来男人实在忍无可忍，只好与她分道扬镳。"我也知道女人有妒忌心是再正常不过的事情。"男人对我说，"可是我真的没见过这么容易妒忌的女人，她难道不觉得自己活得很累吗？就好像是在为周围的人活着一样。她妈妈还对我说，她是很有上进心的女孩。你说这能叫上进心吗？她什么时候真的上进过了？明白自己不如别人优秀，自己却从来不努力改变，只知道诋毁别人或者动些小心思坑害别人，这样的女人实在太可怕了。"

在男人眼中，拥有强烈妒忌心的女人是不可理喻的。而当女人陷入妒忌，便会给自己的工作和生活造成很大的伤害。妒忌可以给女人造成自卑的情绪，更多时候还会令女人心态失衡，失去原有的理智，做出一些无法被原谅的事情。很多言情小说和故事中，都会有这样一个善妒的角色，给其他两个钟情于彼此的男女带来误会，从而演出一场跌宕起伏的感情戏。可尽管在故事中，这类女人就像过街老鼠般不受欢迎，可生活中还是难免会一不小心做了善妒的女人。

某次，我的一个朋友很气愤说起自己的妹妹，用各种恶毒的语言攻击她、咒骂她，只因她找了一个比自己大十几岁的富豪男友。我相信，如果她妹妹能亲耳听到那些话，即使在炎炎夏日也会如同掉进冰窖般冰冷。我说了很多随声附和的话，让她慢慢平静下来，然后才开口问她："其实你不是真的觉得她很差劲，你是妒忌了吧？"她抬起头，愣愣地看着我，忽然掩面哭泣起来。"你真的能够明白我。"她说，"其实是很差劲吧，对不对？她只是找了个男友而已，正经地交往，没有任何功利，可我就是不愿接受。因为妒忌她的好运，我就凭空猜测，随便议论她，诋毁她。我知道我很恶毒，可我就是没法让自己不去妒忌。"

女人的妒忌之心一旦燃烧起来，就很难平息。这把火烧着别人，也煎熬着自己，很可能会造成两败俱伤的结局。而想要避免出现悲剧，就要学会遏制内心的妒忌之火。不管女人的妒忌究竟是不是上天赐予的，上天创造女人都绝不会是为了让女人之间互相妒忌，进而自相残杀。事实上，妒忌是一把双刃剑。有节制的妒忌，可以让女人永不停止自我改变和自我提升的脚步；而无节制的妒忌，则会将女人推向万劫不复的深渊。

# 女人喜欢被人妒忌

　　一个执迷地想要获得别人妒忌的女人，必定是不够出众的，只能想尽办法用别人的妒忌来满足自己的虚荣。这样的女人既可怜、又可悲，有时候还可恨。

　　如果一个女人很容易受到别人的妒忌，能说明什么？很显然，她可能是相貌出众、姿态优雅的女人；可能是专业能力优秀，工作成绩突出的女人；可能是善于经营家庭、善于理财，做事井井有条的女人；也可能是能言善辩，特别讨人喜欢的女人；甚至还有可能是拥有显赫家世的女人。不管是哪一种，能遭人妒忌的女人即使算不上是女人中的佼佼者，至少在某个特定的方面是比较出众的。

　　所以，女人难免会喜欢被妒忌，即使这样容易令她们成为众矢之的。从某种角度或层面来说，不曾遭人妒忌的女人，不能算是合格的女人。而能够公开承认自己喜欢被其他女人妒忌的女人，是多么自信。一位好莱坞知名女星曾在采访中直截了当地说："说实话，如果我走进一间屋子，没一个男人回头看我，我一点儿也不在意。但是如果所有的女人都抬头看我穿的衣服，我一定会高兴一整天。"这是一个在娱乐圈的"血雨腥风"里打拼了 17 年的女人，展现出的自信和豪爽，也说出了很多女人心底最真实的声音和想法。被人关注，被人妒忌，不恰好证明了自身的魅力吗？事实证明，女人虽然非常痛恨自己妒忌的那个人，但同时又希望自己在别人眼中做一次那样的角色。这是一个很矛盾的想法，但却真实地存在并上演着。

如果留心观察，你也许就会发觉，身边有很多女人会刻意地作出一种惹别人妒忌的姿态。她会故意将自己比你优越的部分展示出来，等待你的评价，窥探你的反应。如果你表现出很羡慕、很妒忌的样子，她就会很开心。口口声声表示谦虚，心里不知道有多美。而如果你并未注意到或者根本不为所动，她就会很难过，甚至很气愤。所以我曾对一个朋友说，如果你不喜欢身边的某个女人，最好的方式就是无视她的炫耀。因为她希望让你看到她的优势，希望你能妒忌她，可你偏偏就视而不见，如此以来她就会很生气，但又无可奈何。

我曾用我身边的女同事做过实验。当她向我展示她的新裙子时，当她向我表现她在领导面前有多么红时，当她向我描述自己的男友如何多金时，我总是保持一种很漠然的态度，用表情和行动告诉她，这些事和我一点儿关系也没有，我不感兴趣。这时，她就会为自己打圆场，说几句寒暄的话，而后愤然走开。我能想象得到她内心的那种愤恨，因为我对她的优势如此不屑，根本就没有半点儿妒忌的想法。

某次，我尝试转变了态度，在她展示新买的包包时，对她的眼光和品位表示了一下赞赏，并且配合了恰到好处的妒忌的神情。"哎呀，真的好看吗?"她故意这样说，"很不错吧。我在打折之前就看好了，可是太贵了，要八千多，根本就买不起。还好最近都打折了，才两折就拿下了。"我附和着她的话继续说："要这么贵啊，两折我也买不起。呵呵。不过真是很好看，很适合你。""是吧是吧。"她脸上的表情就像看见了生平最美丽的花朵，"其实我也觉得挺贵的，不过我男朋友说很适合我，他就给我买了。不过才用了半个月的薪水，还不算太夸张。是吧?"

我觉得，如果我真的愿意和她扯，至少可以为这点事儿扯上个把小时。难道别人的妒忌就真的这么受用吗? 我承认，当我拥有别人没有的东西时，我也会期盼各种羡慕的眼光、妒忌的神情和称赞的言语，但是我不会刻意索要别人的妒忌。别人是否妒忌你，首先取决于你的优势在别人眼中算不算是值得羡慕的。比如我身边的这个女同事，不管她买什么东西，在我眼中都是无所谓的事情。因为她买的东西根本不适合我，我也不喜欢，为什么要妒忌呢？女人喜欢被妒忌，并不算是差劲的想法。可要是故意想要别人妒忌，并为此大费周章，就是相当差劲的做法了。

真正有实力的女人是不会过分在意别人是否妒忌自己的，别人的看法对她们来说并不是决定性的。她们有自信、有自知、有分寸，从不盲目地跟从别人的想法来改变自己，又或者，她们已经习惯了身边人的妒忌和侵略性的态度。因为容易被妒忌，便切实地了解妒忌所带来的种种伤害，也知道收集了太多的妒忌是会吃不消的。所以，一个执迷地想要获得别人妒忌的女人，必定是不够出众的，只能想尽办法用别人的妒忌来满足自己的虚荣。这样的女人既可怜、又可悲，有时候还可恨。

被妒忌的感觉只能当成生活中偶尔的调剂品，这种精神上的优越感和快感不能贪得太多。努力做一个优秀的女人，然后让这种小惊喜和小虚荣装点一下沉闷的生活，就已足够。

# 女人之间的羡慕、忌妒、恨

**女人都该学会遏制自己的妒忌心，淡然地面对优于自己的人，才能体会到属于自己的生活乐趣。**

第一次看到"羡慕、忌妒、恨"这三个词儿，是在网络里，似乎一夜之间就流行起来，到处都在频繁地使用。原本我并不怎样关注网络流行语，只是偶尔赶时髦随口说说，过了那阵子也就忘记了。但这个词儿，却让我一见钟情了。它意义深入，恰到好处地表达了妒忌的由浅入深的结构层次和来龙去脉，说起来又特别铿锵有力，能将自己的感情表达得真实、贴切。

羡慕，是妒忌的来源，也是最初形态。看到别人拥有比自己更好的东西、更好的家世、更好的命运时，首先会羡慕。而随着羡慕之情的渐渐加深，就自然而然地会产生妒忌之情。妒忌是一种折磨人的情感，你越是在乎别人的好，心里就越难受，当你被折磨得忍无可忍的时候，一股子恨意就会开始生长。而一旦萌生了恨意，便需要寻找一个宣泄的出口，在所恨的对象身上或者在其他人身上。

天底下，有多少风流不羁的男人，就有多少妒忌怨恨的女人。在历史的长河中，女人们之间的羡慕、忌妒、恨源远流长，并且在遥远的未来，也将永不止息。这个世界是由男人和女人构成的，女人占据了半边天，却也因那些羡慕、忌妒、恨的事儿，令这半边天充满了喧嚣、不安和明争暗斗，不知生出多少纷繁复杂的故事。茶余饭后，我们不妨盘点一下女人之间的那些"羡慕、忌妒、恨"。

有一种女人似乎是天性就充满妒忌心的，眼里容不下半点沙子，甚至宁死也不肯放弃自己的那份妒忌心。自古，很多后宫里的争斗都与妒忌有关。皇帝宠幸哪个女人，哪个女人就成了众矢之的，很容易招来其他女人的联合攻击，甚至还会有人不择手段地伤害她。随着时光的流逝，时代的变迁，社会环境和制度在改变，但女人之间因妒忌引发的争斗却从未停止。时至今日，有些女人仍然喜欢计较自己与身边其他女人相比，究竟谁更漂亮、更富有、更有魅力。在此过程中，妒忌心强的女人为了比别人优秀而渐渐改变自己，不惜一切代价想要击败身边比自己优秀的人。随着这种心态的逐渐加强，女人的妒忌心就会失控。这就是为何多数充满妒忌心的女人，都会向邪恶的方向发展，也就是走向"恨"的阶段。

一个人一旦萌生恨意，就会变得很危险。特别是女人，可以因为"恨"而不顾一切。自古至今，有多少女人因为妒忌心而产生的恨，让自己迷失在毫无意义的战场，在与竞争对手的争夺和厮杀中，毁了别人，也毁了自己。之前，听朋友说起过自己遇到的一件事儿：她有一个关系比较好的同事，两人共同工作了 3 年多，彼此间很熟悉。那时，她们还都是单身，感情还算不错。后来，她找了一个男朋友，是学生时代的同班同学，家境很不错，人的相貌和能力也都是男人中的上品。从那时起，她们在一起的时间自然就少了很多。她并没有过多地在意什么，觉得这是无可厚非的事情。几个月之后，她的那位同事也找了男朋友，条件也很不错，她还为她的同事感到高兴。从那以后的一年间，她们多数的精力都在自己的感情上。但她的同事一直都不顺利，先后换了好几个男朋友，虽然条件都不错，但没办法稳定下来，而她却已经在准备结婚。婚礼之前的两个月，她和男友之间忽然发生了很多事，彼此间产生了一些误会，差点导致两个人分手。后来，两个人彻底地沟通了一次，把自己想说的话都摆到桌面上，才发现他们之间的危机是人为造成的，而那个人，就是她的那位同事。

结婚后，她辞了职。临走的时候，她针锋相对地质问同事为什么要做出这种恶毒的事。她的同事告诉她，因为妒忌她的好命。一个很简单的理由，就差点儿害了两个家庭。"虽然这样的事儿到处都在发生，但我还是不能想到会落到自己头上。"她说，"现在我终于明白为什么人家说妒忌心强的女人很可怕，最好敬而远之，还真是这么回事。我和我老公都觉得，如果没有彼此之间的那份信任，我们可能就走不到今天了。以后我再也不会去招惹这种女人。"

生活中，我们难免遇到善妒的女人，还是小心一点，不要发生太深的关系为好，不然可能就会招来大麻烦。如果不得不共事，就尽可能不要引发她的妒忌心。低调一点，淡然一点，没有什么不好。即使你并不缺乏与此类女人作斗争的智慧和能力，但多一事不如少一事，将精力放在更值得的地方岂不是更好，因为斗败这样的一个女人实在没有什么意义。

还有一种女人是可以因妒忌而显得可爱的，她们虽然嘴上说妒忌，其实并不太往心里去，并且可以妒忌得恰到好处。当别人希望自己被妒忌的时候，她们就会显示出自己的妒忌心，只是并不是真的妒忌，而是为了给身边的人带来一点虚荣和满足。这样的女人懂得运用妒忌心，懂得分寸，自然也就容易讨人喜欢。比如，你对身边的一个女孩说，我真妒忌你的皮肤，那么白。虽然她和你相差并不多，但好听的话总是让人受用的。再比如，你对一个和你工作能力不分伯仲的人表现出几分妒忌，也会博得对方的好感。很多时候，恰到好处地显示一下自己的妒忌心，也是为人处世的方式和手段，就像自从"羡慕、忌妒、恨"这个词儿横空出世以来，很多情况下都是互相之间的玩笑，娱人娱己，何乐而不为？

女人之间的"羡慕、忌妒、恨"是今生今世都说不完的故事，男人们总说"女人心，海底针"，复杂的女人之心无人能懂，就连女人自己也时常搞不清楚。所以女人之间的故事也是千变万化、有声有色的。但不管如何，女人都该学会遏制自己的妒忌心，淡然地面对优于自己的人，才能体会到属于自己的生活乐趣。

# 因爱生恨，是妒忌，还是太在乎？

**没有谁注定要过得比谁好或者不好，保持平和的心态，让曾经的那个人消失在自己的生命里，生活才能展开新的一页。**

多数情况下，女人所妒忌的对象都是同类，但这并不意味着女人只会对女人产生妒忌之情。有时候，女人还会对男人心生妒忌。被女人妒忌的男人，通常是女人身边最亲近的男人，或者曾经是最亲近的男人。对女人来说，那是她们正在爱着，或者爱过的男人。她当然希望他被称赞，希望他能过得好。但有时候，心理也会产生莫名其妙的"不是滋味"，甚至是恨意。这样的情感，如果不能很好地被控制，也会发展到不可收拾的地步。你以为两个相爱的人之间就不会有妒忌吗？你以为两个分手的人今后就一定会毫不相干吗？也许，女人内心深处萌生的妒忌会给两个人带来一些看似不必要的麻烦。

一次，参加朋友的婚宴。席间，有一对看上去珠联璧合的男女。同桌的几个人觉得那个男人很优秀，便毫不吝惜自己的赞美之词，频频夸赞。起初，身边的女人还觉得很有面子，很高兴自己的男友能被人欣赏。可后来，她的脸色渐渐变得不那么好看了。再后来，当别人再说男友的好处时，她便开始觉得不是滋味，偶尔会说几句风凉话。周围人看情势不对，也就不再多言。散席后，一个朋友问我："那女人该不是妒忌了吧？"我笑了笑，不置可否。她有点惊讶："连自己的男友也妒忌，太可怕了。"我答她："谁说女人就不会妒忌男人的？别人只说她身边的男友好，说得多了，却对她视而不见，她当然会心里不平衡，这种不平衡就是妒忌吧。"从那以后，我的这位朋友不再随便夸赞两个人其中的一个，她说她真的见识到了什么才是真正的妒忌心。

然而，这一类的事情不过是生活中的小插曲，只要做得不过分，也就无伤大雅，过去就过去了。最令人难以容忍的，大概要数那种因爱生恨的类型。闲逛网络的时候看到过一个故事：一个女人讲述了她遭遇的噩梦般的经历，关于她男友的前女友引发的事件。

她的男友与之前的那个叫小婧的女人分手已经两年多。按理说，两个人之间已经毫无瓜葛。可就在她与男友在一起后不久，小婧突然出现在他们的生活中。起初，小婧只是在她男友的QQ里主动搭话，言语之间有些许暧昧。男人想摆脱，却又不好意思太过分，只好向她和盘托出。于是某天，她在男友的QQ上狠狠地教训了小婧一通，请她不要干涉他们现在的生活。接下来的几天，小婧再没有出现。本以为，事情就这样结束。可不久，男人的手机里又出现了小婧的影子。他们都觉得这个女人很不可理喻，明明已经没有任何关系，竟然还恬不知耻地频繁骚扰。这次，她只好直接打电话过去。没想到，电话里的小婧，态度十分恶劣，说自己不好过，也不能让他们俩好过。

"你这不明摆着就是妒忌吗？"她很生气地质问。小婧倒也不避讳，坦诚地告诉她："我就是妒忌怎么着？凭什么你能跟他过好日子，我就不能？凭什么分手以后他就能这么快忘了我再找新的，而我就找不到？当年我那么爱他，他却总是伤我，直到现在我仍然还是爱他。所以他要么就和我一起，要么就别过好日子。"

她实在没想到，世界上还有如此恶毒的女人。最终，她和男友商量，换掉了所有的联络方式，甚至换掉了房子，他们的世界才彻底安静下来。这次经历令她感到很难过，她不知道自己为何要忍受这种折磨，眼看着别的女人以"还爱着"、"太在乎"为由，明目张胆地勾引自己的男友。在她看来，这根本就是赤裸裸的妒忌。而一个女人竟然如此妒忌自己的前男友，只因为前男友比自己更早地找到幸福和归宿。

并不是所有的"因爱生恨"都是因为妒忌，但其中的多数会与妒忌有关。想要自己与那个男人有对等的境遇，特别是当那个男人曾令自己受到过伤害，便不能接受对方比自己好的结局，这本身就是女人的妒忌心在作祟，而当这种妒忌心发展成"恨"，便会令女人做出一些极端的事，既伤了别人，也伤了自己。爱之深，恨之切。每个女人都应该懂得避免让心中原本美好的爱情转化成刻骨的恨意。一场分手带来的，也许是满心的伤痛。但只要收拾起破碎的过往，就可以重新开始经营自己的未来。不要因为对方过早地从逆境中解脱出来，不要因为对方曾经狠狠地伤过自己，就产生妒忌，这样的结果只因境遇不同而已，只要愿意，谁都可以摆脱逆境。没有谁注定要过得比谁好或者不好，保持平和的心态，让曾经的那个人消失在自己的生命里，生活才能展开新的一页。

# 收敛妒忌心，感受属于自己的生活

**收敛内心的妒忌之情，绝不是要让女人放弃争强好胜的心态，变成碌碌无为的庸俗女人，而是要让女人学会利用自己的妒忌之心，为生活带来几分动力和情调。**

有人说，是因为女人，妒忌心才有了更好的诠释。的确，女人的妒忌心无处不在，而且很容易愈演愈烈。与男人的内敛和不露声色相比，女人的妒忌心更直接、更张扬、也更恶毒。因为妒忌心的驱使，女人们往往会做出一些令人惊讶的事，疯狂到极致，甚至会有"杀之而后快"的念头。而有的女人却可以很好地掩藏或者控制自己的妒忌心，不动声色地面对内心邪恶的萌芽，做善良、温柔、平和的女人。这样的女人虽然也拥有丰富多彩的妒忌心，但妒忌得足够低调、足够节制，偶尔还可以给别人带来几分情调，不禁令人钦佩和欣赏。当然，此种境界并不是轻易就能够做到的，需要女人拥有很好的文化和涵养。

能够很好地收敛妒忌心的女人，首先要有文化。这里所说的"文化"并非是指书本中的文化知识，它拥有更广泛的意义。曾经遇到过一对女孩，其中一个外表略显平庸的叫清清，另一个相貌出众的叫小诺，两人从学生时代就是很好的朋友，成绩优秀，饱读诗书。小诺一直都很照顾清清，只要是清清喜欢的、想要的，小诺都愿意与她分享，甚至可以给她更多。结束学业之后，清清在家人的帮助下找了一份舒适的工作。不久，她所在的部门打算为清清招一个搭档，几乎所有人都认为清清会推荐小诺，可她却并没有这样做。她说，小诺太单纯，不适合在人际关系复杂的地方工作。但她们身边的人还是不能接受，纷纷替小诺抱不平。可小诺却没有责怪清清，在她看来，清清是真正了解她的。"从我们做朋友起，很多人就觉得我和清清一起是因为我自认比她优秀。"小诺说，"但我知道并不是这样，我并不是拿清清来找平衡的。后来这次的事，我的朋友又说清清是因为妒忌我比她漂亮才不帮我。其实，她真的很了解我，知道我喜欢和适合什么样的环境。而我们之间的友情完全与妒忌心没有关系。因为我们当初都很羡慕管仲和鲍叔牙，我们说好要做像他们那样的朋友，从不盲目地妒忌对方。倘若偶尔会产生那样的心情，也要及时告诉自己，别做傻事。"

管仲与鲍叔牙的至交之情，流传千古，包含着一种男人的胸襟和气概。而能够做到如此的两个女孩，确实相当不容易。她们懂得吸取古人的经验和教训，懂得妒忌心带来的危害，尽管都是读书人，但没有读书人的那种教条和表面的复

杂，不为自己的负面情绪寻找任何借口，而是将它扼杀在摇篮里。如此一来，她
们就可以将更多的时间和精力放在对自己有利的方面，为自己的生活和未来努力
地向前走。

其次，能够很好地收敛妒忌心的女人是有涵养的，也就是我们通常所说的
"懂得做人"。有涵养的人未必一定是有文化的，她们不一定要有很高的学历，不
一定博学多才，但一定是懂得人生的道理的。可以理智地思考问题，不被性情左
右，不会在妒忌别人的路途上迷失了自己的本性。一位年长的姐姐告诉过我，她
说："妒忌心是女人暴露自己弱点的最直接的方式。"那时，我对这句话印象深
刻，并且觉得它很有道理。假如我们妒忌别人的某个方面，必然是因为自己在这
方面不如对方。显示出了妒忌，也就显示出了自己的不足，这多少有点儿"此地
无银三百两"的味道。从那以后，我留心观察那位姐姐的生活，发现她过得那么
自在，那么无欲无求，好像周围人的美丽、多金、平步青云，都不能令她心动。
她的文化水平并不高，生活平淡、安稳，带着几分超然，却从未放弃努力。

后来，她遇到一个妒忌她的女人。那个女人是她所在公司的部门主管，也是
她的直接领导。拥有比她更好的生活，更优越的家庭条件，更高的学历和更好的
工作环境。令人难以置信的是，那个女人妒忌她的唯一原因，是她的这种洒脱、
自由、随性的生活态度。那段时间，那个女人处处生事，使她的工作一度陷入困
境。结果，那个女人的小鸡肚肠引来了周围人的不满，很多人看不下去她的艰难
处境，纷纷出手相助，这才帮她解了围。虎落平阳之时，她没有落井下石，反而
帮了那个女人的忙。自此，她的大度和宽容受到很多人的钦佩，也得到了领导的
欣赏和重用。

而事实上，她也并非完全没有妒忌心。她说，每个人都会有羡慕或妒忌别人
的时候，有的人选择"名争"，有的人选择"暗斗"，还有的人会选择将妒忌心化
成动力，而她自己就是这样一种女人。如果妒忌别人的优势，就努力争取，只要

默默地按照自己的想法去做，同时学会控制自己的情绪，别把结果看得太重，不管成功或者失败，都是属于自己的生活。

妒忌别人的女人，看不清自己的优势，一心只想着别人优于自己之处，这无疑等于放弃了自己的优势，暴露了自己的弱点；而有涵养的女人有足够的宽广胸怀，她们明事理、知进退，也就更容易抓住生活中来之不易的机遇。所以，收敛内心的妒忌之情，绝不是要让女人放弃争强好胜的心态，变成碌碌无为的庸俗女人，而是要让女人学会利用自己的妒忌之心，为生活带来几分动力和情调。

世上没有不妒忌的女人，但却拥有能够在妒忌面前收放自如的女人。学会在别人的优势面前保持一份淡定的心境，才能感受属于自己的生活。

# 第 12 章

## "淡" 在残缺之外：
## 承认不完美，心灵才自由

爱神维纳斯的断臂被称作是"震撼人心的残缺"，带给人无边的想象和不尽的梦幻。在无数人的心目中，都认为它具有崇高的美学价值，包含着对美的深沉挖掘和理性思考。我们无须深究维纳斯的残缺之美究竟拥有怎样的内涵，但要学会在生活和人生中承认残缺，欣赏残缺，弥补残缺，从而解开追求完美的心灵枷锁，还自己一份自由。

# 解读残缺中的美丽

**既然残缺是永恒，我们便要学会面对残缺、欣赏残缺。**

在西方，爱神维纳斯的残缺之美广为流传。而在东方，阴晴圆缺的月儿，时常成为诗词歌赋吟诵的对象。那句知名的"人有悲欢离合，月有阴晴圆缺，此事古难全"，除了慨叹对团圆的向往，却也道尽了残缺之美的必然存在。其实，不只是月亮，大自然中的风景都无法定格在最完美的瞬间。日有东升西落，四季有轮回，海洋有潮起潮落，花开也有花落，不一样的风景，带来不一样的心境，没有人能说哪一种更好或者更不好。在成长的过程中，欣赏着它们一路走来，习惯了它们带来的欣喜或伤怀，却很少有人能够意识到并接受世间的残缺之美。

生活中，我们处处都在寻找完美，并试图抛弃手中的不完美。到头来，很可能连一件不完美的东西都没能得到，只能两手空空地重新回到原点，就像那个关于苏格拉底解读人生的故事：几个学生在他的授意下走过苹果林，挑选令自己满意的苹果，但最终谁都没能拿到最满意的那个，因为总是认为后面还有更好的。而事实上，每个苹果都不是完美。只有比较之后才能发现，究竟哪一个更趋向完美。而即使拿到了所有苹果中最好的那一个，是否会接受它的不完美，仍然是人生的重要决断。

随处可见那些斤斤计较的人，特别是女人，用很细致的眼光观察每一件想要得到的东西，稍微有一点瑕疵便会放弃。就这样一件一件地找过去，当所有可供选择的对象都已经认真检查过，都已经被放弃过，只好面临两种结果，要么干脆打消得到的念头，要么就接受它的不完美，再从中挑选一件自己认为最好的。且不说很多时候根本无法再回头去选择，就算能够再回头，那些天生的所谓完美主义者，也是很难接受明显的残缺。

选择各种生活必需品的时候，我们难免要挑选。选择符合自己需求的，再剔除拥有明显缺陷的、影响使用或者与自身价值不相符的货品，并不是为了寻找心目中的完美货品。然而有的女人，是绝不肯轻易放弃追求完美的。你是否遇到过在超市货架前徘徊许久，仿佛要选遍所有产品才能作出最终决定的女人。你是否遇到过在折扣小店买外贸货时，也容不得衣服上有一根线头的女人。你是否遇到过买一件日用品要反复退换多次才肯罢休的女人。即使她们眼中发现的"问题"丝毫不会影响使用或美观，也不愿接受有缺陷的东西。如此一来，不仅为自己的生活无端地制造了很多麻烦，也给别人带来诸多不便。

而选择朋友或者爱人的时候，我们也要挑选适合自己的，志同道合的，有共同爱好和价值观的。至于其他方面的缺陷，当然是不可避免地会存在，诸如，外表的平庸、吝啬、虚荣、懒惰、无知，等等。金无足赤，人无完人。每个人都有或多或少的缺陷存在，而不能承认和接受别人缺陷的人，通常也是无法认清自己的。总有那么些人，眼中总是别人的不足，各种各样的抱怨不断。就好像这个世间没有人值得与他做朋友，没有人值得爱。当然，这样的人是不值得得到别人的友情和爱情的。那么，内心没有足够的宽容，不能包容别人缺陷的人，又怎么能适应这个世界的生活呢？

有一则故事，说的是一个僧人每天挑水浇菜地，某天他忽然发现挑水用的桶漏了个洞，心想怪不得自己每天装水时桶都是满满的，到了地里就会减少一些。于是，僧人连夜将桶底的洞补好了。一段时间之后，他在挑水的路上发现，路边的花花草草都逐渐枯萎。这时他才意识到，原来自己每天挑水不仅可以浇菜地，还可以浇灌路边的花草。而现在，虽然水桶不再残缺，但花草也不再有生长的条件。如果当初能够容忍水桶的残缺，便不会令大自然的风景残缺。从那以后，僧人明白，残缺是不可避免的，也是美丽的。

在漫长的人生之路上，没有哪一步能够完美。即使当时认为自己的所作所为已经足够，但前行一段路之后再回过头，仍然会发觉当初的完美其实是不完美。所以，我们才会说，人生是充满遗憾的。而很多人和事，却又因为遗憾而变得美丽。似乎某一方面的残缺，正是为了造就另一方面的能力，虽然这样说是有些残酷的。比如，我们第一次看到那场震撼人心的舞蹈《千手观音》时，你是否为演员们的表演感到惊艳和赞叹。那时，我们并未意识到演员们的残缺。直到后来，各种铺天盖地的报道迎面而来，我们才意识到，原来那场完美的舞蹈也有着并不完美的一面。但这残缺丝毫不能减轻我们对这个节目的喜爱，反而会增强我们的崇敬之情。我曾想，也许正是不得不面对的残缺，给了她们挑战自己的动力和勇气。

一直以来，我都喜欢悲剧，不管是小说、故事，还是电影、戏剧，我都不喜欢完满的结局。处在为赋新词强说愁的年纪时，认为悲剧虽然折磨人，但可以令人留下更深刻的印象，也更加符合身边发生的种种真实。随着年纪的增长，我虽然不再单纯地迷恋悲剧，但仍然不会对那些力求完美、故作曲折的故事发生兴趣。经历了太多的悲欢离合，到处都上演着各种悲剧和喜剧，明白了人生注定是残缺，才能更自如地接受各种不完美的结局。就像谁都希望爱情是浪漫的、优雅的、美好的，不用考虑一顿烛光晚餐的花费，不用考虑一份名牌礼物的价格，也不用考虑车子、房子和周围人的眼光与评价，只要两个人开开心心地在一起，彼此深爱对方，享受生活的乐趣。可事实呢？即使无须为经济方面的问题发愁，也还是有很多不可避免的缺陷存在。金钱是制造浪漫爱情的资本，没有人能够始终活在浪漫的爱情中。当爱情落到实际，总会有各种各样的问题需要解决，需要包容，需要妥协。所以，再美好、再深厚的感情也注定会有残缺。

既然残缺是永恒，我们便要学会面对残缺、欣赏残缺。不管是自身的残缺，还是别人的残缺；不管是物品的残缺，还是事情的残缺；不管是感情的残缺，还是内心的残缺，只要没有明显的缺口，都会拥有各自的美丽。更何况，也只有残缺的人生才能教会我们懂得生命的真谛。

# 淡然面对外表的缺点

淡然地面对自己外表的缺点，是女人自我认同、自我肯定的过程。能够接受自身存在的缺点，才能自信地面对生活。

没有哪个女人是不喜欢镜子的。镜子对于女人来说，既是用来欣赏自己，也是用来审视自身外表缺陷的。当女人站在镜子前时，很难不对自己的缺点耿耿于怀。比如，脸上的斑点，身上的赘肉，发型的长短，皮肤颜色的深浅，等等。所以，女人常常会在镜子前端详很久，并暗暗发誓一定要找出改变自身缺点的方法。其中，有的人只是图一时痛快，说说而已。有的人，则会不惜一切代价争取完美。

国际新技术的发展，让很多女人相信完美容颜和身材不再是梦想。她们前仆后继地踏上整形之路，只为了改变自己身体中令人不满意的部位。因为她们相信，相貌对于女人来说是最重要的。虽然人们常说，人不可貌相。可人与人之间的第一印象总是靠外表留下的，这又是不争的事实。为了博得更多人的好感，为了自己的前程，或者仅仅是为了满足自己的完美主义，女人们宁可忍受短暂的痛苦。而那些大批的人工美女也让女人们看到，改变自己的缺陷真的不只是传说。

有一种叫做"丑陋幻想症"的心理疾病，多发于女人。患此症状的女人，即使自身的容貌和外形没有明显的缺陷，也会想象性地夸大自身的缺陷。就像有的女人明明已经算是长相漂亮，可还喜欢拿着显微镜看自己，无比挑剔。此类女人正是参与整形的主力军，她们仿佛永远也不会对自己的外表感到满意，只是不停地追求完美。曾在一则新闻里看到，一个 40 多岁的女人，几年的时间做过各种各样的整形手术，刚刚隆过鼻子，又去做咬肌和颊脂肪垫去除术。她并不是为了做明星，也不是单纯地为了保持青春，只是沉迷整形，追求完美。结果，等待她的是窒息死亡的结局。

女人，因不同的容貌，展示出自己的独特性，是自己区别于其他女人的重要标志之一。而整形则是消解了容貌的个性，按照统一的模式，制造出固定样式的容貌，这就是明显的东施效颦了。娱乐圈里常报道明星的"撞脸"八卦，常人看着随便一乐，却也能留下几分思考。如果一个人，为了所谓的完美，为了名利，连自己的容颜都可以与人分享，这不能不说是一种歧视自己的行为。一个人如果连自己都不能喜欢自己，还有谁会真正地喜欢她呢？

不同的女人，各有各的不同，各有各的气质，各有各的风采。某些部位的细微缺点，并不是多么严重的事情，反而可以代表属于自己的特质。容貌与身材方面是如此，其他方面亦是如此。不过有趣的是，与外表方面的缺点相比，女人似乎更容易接受自身性格、心灵等其他方面的缺点。女人们可以放任自己的任性、小脾气、虚荣、贪婪、阴郁和坏习惯，并且以为这就是自己独特的性格，是别人无法复制的优势。即使这些缺点令人难以忍受，也毫无悔改之意。比如，平日里，很少见到哪个女人会对自己的任性耿耿于怀，抱着坚定的决心要改掉。通常女人们会说，我就是任性，能怎么样呢？这是我的性格，改不了的。你喜不喜欢是你的事，你不喜欢，总有人会喜欢。可假如她不幸地发现自己腰间的赘肉又增加了几分，一定是连觉都睡不好的。由此可见，重外表，轻内在，是女人很普遍的想法。

女为悦己者容。古代，女人就被当做花瓶，不被要求有丰富的内涵。长久以来，女人精心雕琢着自己的外表，用来取悦怜香惜玉的人，得到自己想要的生活。现今，很多美女的风光也让更多女人看到了外表的重要性。很多女人盲目地认为，只要拥有漂亮的外表，就能顺利地加入美女的行列了。正是这些例子让女人们甘心修改自己天生的外表，去追求世人眼中的美丽。并且，距离美丽的标准越近的女人，越不能容忍自己外表的缺点。

人无完人的道理谁都懂，可还是有拼命与自己较真的女人。我不能真正地了解那类女人的心态，只是想说，如果变得完美了，你却不再是你自己，这又有什么意义呢？作为世间独立存在的个体，每个人都有自己的标签，而这标签，或许就是某处的一点不完美。那些人为的标准，那些所谓的审美，不过都是用来游戏和娱乐的方式而已。难道女人存在的理由就是为大众提供养眼的素材吗？这未免太贬低自己的价值了。

淡然地面对自己外表的缺点，是女人自我认同、自我肯定的过程。能够接受自身存在的缺点，才能自信地面对生活。不要被这些小事占据太多的时间和思想空间，人生之路中有诸多不完美，坦然面对才能走得轻松自在。

# 身体的残缺，不代表人生的残缺

只有淡然地面对残缺的事实，才能拥有强大而自由的内心。

也只有时刻做好接受命运考验的准备，才能收获人生的光芒。

我不知道一个人需要多大的勇气才能面对和接受自己的残缺，尤其是身体的残缺。因为多数情况下，身体的残缺都是难以掩饰的。尽管每个人的身体都不是完美的，但拥有明显残缺的人要经历更多的苦难，这点是毋庸置疑的。人与动物一样，即使天性善良，也难免会有排除异己的行为。学不会正视别人的残缺，学不会以包容的态度看待别人的残缺，甚至会因自身的优越感而歧视别人。

少年时，班里有一个略微有点迟钝的女孩，据说是大脑的发育有点小问题。很多学生都看不起她，偶尔嘲笑她。虽然我从未参与其中，但也不曾与她亲近过。其实，她也是很漂亮的女孩，只是反应的灵敏度不如多数孩子，总是带着一点怯懦的神情，说话声音很小，但是亲切、柔和。印象中，老师也没有特别关照过这个孩子，不难为她，也不曾鼓励过她。

后来，我常常想起她，也渐渐明白她当时的处境，其实是有多么艰难。对女孩子来说，自尊心总是需要悉心呵护的，而她的自尊，又有谁来保护呢？自身的残缺也许对她来说并不那么重要，内心的伤痛和折磨才是她需要克服的。而这也会是她人生路上关键性的一道坎儿，能顺利地迈过去，就能拥有属于自己的人生风景；如果不能，便将从此沉沦。

　　再次听到关于她的消息，是分别后的第十三年。听人说，她这十几年来的生活和我们并没有太多差别。初中毕业升入职校，职校毕业又考了高职学校，结束学业后拥有一份普通的工作，找到可以共同生活的男人结婚、生子，比我们更早地进入了人生的中段。虽然没有如火如荼地奋斗，但对她来说已经算是完整的人生。当年的同学说起她时，不禁感叹："你看当初咱们都觉得人家有缺陷，可人家的日子一点儿也不比咱们差。没准儿以后咱们还会羡慕人家的日子。"

　　这个发生在身边的故事让我们懂得，谁都没有资格鄙视和嘲笑别人的残缺。也许某天，你还会惊叹地发现，当初你认为残缺的那个人拥有了比你更加绚烂的人生。这时，你不禁会为自己短浅而偏颇的目光感到羞耻。人生如此开阔，我们的眼睛怎么能够只盯着别人的短处，忽略了别人的长处呢？相信那个曾经胆怯的女孩，也在后来的生活中学会了正视自己的残缺，不再顾忌、不再恐惧、不再退缩，能够放手去追逐自己想要的生活和自由，的确是令人感到钦佩的。

　　在西方的故事里，一个残疾的小女孩问妈妈："听说每个人都是上帝眼中的可爱苹果，可是上帝让我残疾，我不是上帝的苹果吗？"她的妈妈回答："不，孩子。因为你太可爱了，上帝忍不住咬了一口。"其实，世上的每个人都是上帝咬过的苹果，都是有缺陷的。只不过有些人的残缺过于明显，那也是上帝偏爱他的缘故，不能因为残缺而怀疑自己的生存价值，也不能因为残缺而过早地放弃自己的人生。很多时候，能够求得内心的解脱才是走出命运枷锁的根本。

　　英国有一个叫凯丽·诺克斯的女孩，相貌和身材都很出众，只是天生没有左臂。爱美之心，女孩更甚。然而凯丽却从未因自己的残缺有一丝自暴自弃的想法，甚至她从未将自己看做是有缺陷的人。7 岁那年，凯丽果断地决定不再使用假肢，以真实的独臂形象面对世人。这不仅是勇气和力量的体现，也是她正视自己缺陷的最直接的表达。与此同时，凯丽已经开始梦想成为一名模特，并且在邻居和朋友的嘲笑声中，长期坚持形体训练。此外，她的生活也与普通女孩无异，她不会因为自己的缺陷不去做任何事。

23 岁时，凯丽已经是一家室内家具公司的风险控管师。那年，她报名参加了"全英残疾模特大赛"，并且成功地脱颖而出，成为世界第一个"独臂超模"。媒体说，她是继维纳斯之后最漂亮的女性。"在我家里，我们从不用残疾这个词。过去没有，将来也不会有。"凯丽说，"我一点也不觉得自己是残疾的，只是社会给我打上了残疾的标签。"

天生的残缺并没有让这个爱美的女孩有丝毫退却，相信她的经历也可以为更多的人带来希望。她已经用事实告诉我们，身体的残缺并不意味着人生的残缺。上帝并没有抛弃她们，给所谓的健全人更多的眷顾，而是给了每个人平等的机会。如果只看到自身的残缺，沉浸其中，放弃希望，也就等于放弃了自己的人生。

史铁生先生曾说："残疾有可能是这个世界的本质……人所不能者，即限制，即残疾。"残缺只是限制了我们的某种能力，而每个人都有能力之外所达不到的事情，所以每个人都是残缺的。因此，我们根本无须对那些拥有残缺的天才感到震惊，无须过于惊叹她们创造的所谓奇迹。只不过她们比我们更能正视自己的残缺，并战胜它。也许正是残缺引导她们发掘了自己的潜能，开启了新世界的大门。

你是否曾扪心自问，当我不得不面对身体的残缺时，究竟该如何是好？不要以为残缺距离自己很遥远，灾祸不仅会发生在新闻报道里，它也会随机地发生在任何人身上。当你看轻那些残缺的人时，是否会想到，每一场灾祸发生的时候，都可能会给不幸的人造成残缺，而你并不是永远都幸运的那一个。只有淡然地面对残缺的事实，才能拥有强大而自由的内心。也只有时刻做好接受命运考验的准备，才能收获人生的光芒。

# 承认心灵的残缺，才能解开沉重的枷锁

**心灵的残缺并不可怕。世上没有外表完美的人，也没有内心完美的人。**

既然世间的人和事都有表象和内在，那么残缺自然也分表象和内在。不只是外在的缺陷或者残疾才叫做残缺，内在的精神领域同样存在残缺。但却很少有人能够意识到并愿意承认这一点。

旧时，人们从不会承认内心的残缺。那时，普遍认为所谓内心的残缺就等同于精神的疾病，而一个好好的人又怎么会得精神疾病呢？当心理学悄然兴起的时候，人们才意识到，原来精神领域也会不健康，原来多数人的心理都是有残缺的，比如时常被提及的自闭症、抑郁症、焦躁症、强迫症，等等。它们困扰着很多人，也给很多家庭带来不幸，可至今仍然有很多人不愿面对心灵的残缺，宁可掩藏在面具的背后，痛苦地生活。然而，这种心灵的残缺与身体的残缺不同，它会缩小，也会扩大。如果能够得到有针对性的辅导和帮助，就会减少残缺带来的痛苦。如果置之不理，不能及时得到心灵的救赎，就会很容易发展到不可收拾的地步。

4月2日，世界自闭症日。每当想起这个日子，我就会想起曾经看到过的一个故事。主角是一对母女，女儿5岁，有自闭症。从小，女孩的眼光就始终不曾与父母对接，黑黑的眼睛里什么都没有。起初医院认为女孩有自闭症的时候，母亲并不相信。在她看来，自闭症不过就是有点内向，女孩子内向并不是什么特别的事情。直到 3 岁，女孩仍然不愿开口说话，这时母亲才相信多家医院的诊断结果，也才意识到自闭症与内向是完全不同的。

有自闭症的孩子多半有多动症，喜欢破坏，感到压迫时会突然大叫，行为举止都显得粗暴。他们不能与正常的孩子在一起，需要接受正规的治疗，在特教学校做康复训练。有 50% 的孩子终生都无法恢复，没有语言，不能自理。面对这样一种残缺，这位母亲也曾陷入灰色的消极世界，她不明白为什么这种事情会发生在自己的孩子身上，也不明白为什么常年的治疗和康复也很难见到效果。直到多年后，她才终于想明白，自闭症的孩子并不是努力治疗就可以有好转的。于是她开始给自己减轻压力，也给孩子减轻压力，不强求女孩去做超出她能力范围的事情。渐渐地，母亲也发觉了孩子的优点。比如，她的世界很单纯，可以无条件地爱自己的父母。比如，她偶尔也会懂得照顾人，虽然方式显得笨拙和生硬。我相信，当母亲终于可以看到孩子身上的闪光点时，她的心灵将获得释放。而在一个相对宽松的环境中，她的孩子也可以得到更多康复的机会。

这个世界上有很多自闭症的孩子，但并不是每个孩子的残缺都能够获得承认。有些人对自闭症或者叫做孤独症，抱有一种怀疑、嘲笑或不屑一顾的姿态，认为被精心呵护成长的孩子根本不会明白什么是孤独，又怎么会拥有这种心理的缺陷。正是此类想法使得很多的孩子得不到及时的治疗和康复，只能独自面对冰冷的世界。直到孩子的症状逐渐明显，才不得不重视起来。还有的父母不能够走出因孩子的残缺而带来的悲伤和绝望，令剩余的人生都蒙上了一层阴影。

当然，没有切实经历的人，无法真正体会到那种痛苦和折磨。但我仍然想说，残缺并非是人生的终结。尽管自闭症没有特别有效的治疗方式，但自闭症儿童中不乏拥有极高天赋的孩子，如果能承认这种可能发生在任何孩子身上的缺陷，并时刻留意观察，也许就能尽早发现问题，使残缺得到控制和弥补。女人，总有为人母的一日。希望女人们不仅能够从物质生活上满足孩子的需求，还要学会照顾孩子的精神生活，懂得呵护他们的思想世界。虽然真正患有自闭症的孩子并不多，但内心存有阴影的孩子却并不少见。承认并面对孩子们的负面情绪，才能找到打开心灵之门的钥匙。

现在，我们再来审视成年人的世界，与孩子的敏感和脆弱相比，成年人的内心是否坚不可摧呢？无须观察别人，只要考量一下自己，便可以找到答案吧。压力、烦躁、焦虑、紧张、愤怒、悲伤……许多负面的情绪铺天盖地地袭来，让人无处可躲。有多少人寻不到出口，只能在黑暗中徘徊。又有多少人最终被自己的黑暗所淹没，看不到未来。

彼时，阴郁的文字开始泛滥。相信很多人从中找到了自己的影子，引起了共鸣。因为在那之前，很多人是不明白什么叫做抑郁症的，以为抑郁不过就是心情不好而已。直到在小说中找到相似之处，才了解内心残缺的真相。后来，"抑郁"这个词儿被很多人挂在嘴边，一时间，抑郁开始在都市生活中弥漫、扩散。

有很多人，将抑郁当做流行标签，只因为心情不好，就装阴郁、装颓废，哭天喊地地说自己忧伤致死，活不下去。然而真正了解抑郁的痛苦，在抑郁中挣扎的人，却很少愿意面对自己的残缺，更不会展示在世人面前。他们习惯带着面具生活，在陌生人面前微笑，努力克制自己的绝望。因为他们明白，抑郁是一种神经症，是一种心理障碍；它并不是时尚元素，也不能用来粉饰自己的另类，它是实实在在的心灵残缺。褪去了时尚与另类的元素之后，它是不能被人接受的疾病，是唯恐躲避不及的存在。所以，抑郁的人大多都带着健康、阳光的面具，苦苦支撑着内心的不安和破碎。

曾经，一位因健康、阳光成名的女歌星刚刚承认自己得过抑郁症的时候，引来无数惊讶的目光。人们很难想象那个单纯、天真、可爱、快乐的小魔女也会拥有阳光背后的黑暗一面。她有名、有利、有才华，有很多令人羡慕的东西，但这些最终成为她成长的阻碍。当她不再天真、不再幼稚，当她看清了这个世界的混浊，当她想要属于自己的空间和自由，她就必须试图摆脱被当做玩偶的自己。于是，她开始极端地否定自己的乖乖女形象，让心底的叛逆肆无忌惮地生长。可颠覆压抑与束缚的过程并不是酣畅淋漓的，她折磨着自己，也折磨着身边的人。面对别人的不解，她问："为什么要快乐？要那么快乐做什么？对我，在这不快乐的世界里被弄成很快乐，是很奇怪的事，真的很不合理。"

经历了死亡线上的挣扎，经历了残酷的蜕变过程，她最终还是靠她挚爱的音乐和积极的治疗走出了内心残缺的阴影，并且可以公开承认自己曾不为人知的另一面。在她的作品中，我们看到她面对抑郁，并努力迎来转机的过程。当内心的枷锁被解开，所有的旧事就随风而逝，拥有自己喜欢的生活，拥有一颗从容面对名利的心，便是最好的结局。

生性情绪复杂多变的女人与抑郁之间的距离比男人要近得多。OL 抑郁症、婚前抑郁症、产后抑郁症等各种心理问题困扰着很多女人，而处在拥有抑郁症状阶段的女人则更多。忙碌的女人容易阴郁，无所事事的女人也容易抑郁。想要走出困境，就要学会坦然地面对自己的心理残缺，积极调整自己的生活状态，找到适合自己的出口和宣泄方式。

心灵的残缺并不可怕。世上没有外表完美的人，也没有内心完美的人，正如古人所说，人非圣贤孰能无过。或许，手中的面具能够避免来自旁人的歧视眼光，但请不要在面具的遮掩下自欺欺人。承认心灵的残缺，才能解开沉重的枷锁。懂得关爱心灵的女人，才能得到属于自己的幸福和自由。

# 残缺的爱情，该如何面对

只有懂得选择爱，只有淡然面对爱情的残缺，才能享受爱情，并且在爱情中拥有一份自由自在的甜美心情。

完美的爱情是什么样子的？唯美、浪漫、纯真，没有误解，没有争吵，没有错误，没有节外生枝的污点。就这样两情相悦地携手走下去，走到天荒地老，走到海枯石烂。如果我为你讲述这样一个王子公主的爱情故事，你会相信它真的存在吗？我们喜欢百转千回、轰轰烈烈、生死与共的爱情故事，但不会相信它可以在这个残酷的现实中存在。没有哪个女人会犯傻地相信，完美的爱情故事真的会发生在自己身上。

一首歌里唱："爱情总是不完美，幸福过后是眼泪，如果相守是一种罪，相爱是不是一种负累。爱情总是不完美，失魂落魄为了谁，爱若让我很疲惫，缘分走了别再追。"很多很多的爱情，都拥有美好的开始和破碎的结局。我们都是有故事的女人，都曾经历过充满伤痛的爱情。但在得到与失去之后，又有多少女人在面对新的开始时，能够少一些期盼和追求，多一些现实呢？总以为下一次的感情会更好，总以为自己不会再犯下相同的错误，总以为自己的爱情是世界上最伟大、最美好的，从一开始就不肯承认、更不肯接受爱情的残缺，而时间就在寻找完美的路途上被大把大把地浪费掉了。

一个女孩曾问我，为什么找不到自己想要的爱情。我问，你想要的爱情是什么样的。她想了想，说其实她很容易满足，不需要帅男，不需要多金男，只要两个人在一起能平和地生活，即使不浪漫也没有关系。我继续问，那你以前经历过的爱情又是什么样的，为什么选择了放弃。这一次，她毫不犹豫地回答，因为我觉得它们太不完美了。接下来，她给我讲述了自己的旧事。

第一个男友，是大学期间相识的。男孩不管从相貌还是性格，都符合自己的喜好。而男孩对她的感情也是真实的，愿意悉心地照顾她，包容她的任性和小脾气。在周围人的眼中，两个人是很般配的一对。但是后来，他们之间还是出现了细微的裂痕。起因是某次她的男友没有兑现自己的诺言。虽然只是一件小事，也是她不能容忍的。她说，在她眼中，他们之间的爱情已经出现了瑕疵，不再完美，而不完美的爱情便不值得拥有了。于是，她选择了分手。第二个男友是进入职场后才开始交往的，状况与之前的那一位相差不多。最终分手的原因是她认为这个男人太过脆弱，对她太过依赖，而她喜欢那种能够占据主导地位的男人。

她说，为什么想找一段比较完满的爱情就那么难？我也知道世界上没有完美的感情，我不是不能容忍缺陷，但是太明显的缺陷我又没办法接受。我与她开玩笑，我说也许你适合那种戴着面具的男人，能够很好地隐藏真实的自己，为你创造一份你想要的感情。她连忙摇头，说那不可能，我怎么能接受一个不真实的人。"虽然我的说法看似荒唐，可事实就是如此。"我告诉她，"当感情升温时，两个人都戴着面具，小心翼翼地要给对方留下好印象。而当彼此熟悉，逐渐开始显露出真实的面目时，残缺就会显现。只要深入，就会看到残缺。其实，并不是你男友的缺点令你们的爱情变得残缺，而是你的态度和选择使得你们的爱情不得不残缺。"

我相信，如果此类女人无法改变自己的心态，无法正视对方的残缺，就不会拥有她们所向往的那种爱情。而这种只能停留在表面的爱情观念，本身也是一种残缺。她们不能够容忍的缺点必然会很多，诸如男人的谎言、脆弱、坏习惯、多愁善感、大男子主义，甚至是男人的过去。所以，不管她们如何强调自己的要求并不高，都难以摆脱现实带来的残缺。

有一种说法：最浪漫的爱情是得不到的。最浪漫的情话，是当那个已经分手的人问："你过得好吗？"你平静地回答："我很好。"而其实你还爱着，还想念着，你一点也不好。然而，又有多少女人能够真的将得不到的爱情看做是完美。

事实上，几乎每个女人都曾在一份残缺的爱情里纠缠不休。明知道爱情注定只能是残缺，还抱着试一试的态度和想法，以为自己能够创造人间奇迹，或者在彼此道别之后，仍然不愿面对残破的结局，一再地想要挽回些什么。直至走到尽头，将自己折磨得遍体鳞伤，才被迫作罢。比如，婚外之情，也许其中的某些真的源于爱情，可拥有爱情又能怎样呢？在错误的时间遇到爱的人，本身就是一种残缺。明知道是残缺的情感，为什么不能果断地放弃呢？还是因为那份不甘心。觉得自己能够胜过对方的前任爱人，幻想对方能够与自己一起创造新的生活。被那种完美结局的诱惑深深地吸引，固执地选择坚持，直到现实摆在面前，才承认自己输了。只能带着绝望的心境离开，独自疗伤。那时，施加在自己身上的所有压力、摧残、鄙视、谩骂，才能渐渐消亡。假如从一开始便肯承认这份残缺的爱，潇洒地选择放弃，也就不会有后来的沉重负罪。

虽然世上没有完美的爱情，但并不表示我们必须接受所有的残缺之爱。在承认残缺的基础上，有的爱值得接受，有的爱必须放弃。只有懂得选择爱，只有淡然面对爱情的残缺，才能享受爱情，并且在爱情中拥有一份自由自在的甜美心情。

# 有时，残缺也是一种幸运

**偶尔的残缺也可以成为一种幸运，它可以激发我们的潜能，可以让我们感受人生的乐趣，甚至可以为我们带来新的世界。**

古人有"因祸得福"的故事。因而，生命中的各种不完满，又怎知不是一种幸运呢？不过，这里所说的"幸运"，并不是指"好命"，而是指并没有因残缺沉沦下去或者放弃，反而将残缺当做人生前行的动力，由此发现了生命中的别样风景。这时，残缺就像是一种代价，勇敢地承受了才能拥有新的契机。有很多看似完美的艺术，都是因残缺而实现的。有很多天生残缺，或者后天遭遇残缺的人，都在与命运的抗争和挣扎中改变了自己，创造了属于他们自己的奇迹。

世界上诞生贝多芬这个音乐家之前，没有人会相信失去听觉的人也可以成为音乐家，这几乎是不可能做到的事情。音乐靠听觉感知，失去听觉就失去了对音乐最基本的判断力。贝多芬自己也曾将听觉称为是自己最高贵的一部分，可他还是失去了它，变成残缺的人。在逐渐失聪的过程中，他饱受痛苦的煎熬。没有人，特别是一个音乐家，能够眼睁睁地看着自己失去最重要的东西。然而当贝多芬完全失去了他的听觉后，却开始在悲苦中讴歌欢乐。从而将他的灵魂、境界，乃至人生都推向了高潮。因此，对于贝多芬来说，残缺并不意味着艺术生涯的结束，相反，这份残缺磨炼了他，给了他抵抗命运的力量，给了他发掘快乐的眼睛，使他得以成为一代传奇人物。你能说这不是一种幸运吗？当一个人不得不面对自己的残缺时，才会明白，没有什么可以阻挡自己追求的脚步，也会给世人留下更多的遐想和话题。

残缺的音乐家并不会影响音乐的价值，同样，残缺的作品或情节也丝毫不会影响文学作品的价值和人气。中国古代，一部文学巨著《红楼梦》令无数人倾倒。曹雪芹没能完成这部作品，却使作品充满无法拒绝的诱惑力，给后人研究和无限想象的空间。关于它的探讨持续至今，蓬勃发展，并且无论后人以怎样的方式续写，都无法继承那份残缺不全的原著所带来的光芒。可以说，这部作品已经将残缺之美发挥得淋漓尽致，尽管它的残缺并非作者所愿。除篇章的残缺之外，情节的残缺更是被很多作家所运用，因为残缺能够引发强烈的感情，可以表达深刻的思想。那些令人遗憾的错位和破碎，带给人难以言喻的遗憾和伤痛，也引发无尽的思考。如果昔日曹雪芹完结了《红楼梦》，是否还能够引发后人的深究与探索？如果那些充满遗憾色彩的作品都变成圆满，它们是否还会成为后人念念不忘的存在？我想，正是一份残缺让它们得以受到世人的追捧和喜爱，给了它们万古流芳的幸运。

仔细想一想，就不难发现，人生也是在不断地制造残缺与弥补残缺中度过的。没有残缺，不需要弥补残缺，便没有勇往直前的动力。你问一个人，奋斗的目的是什么？得到的答案通常与人生的圆满有关。而人生偏偏又无法圆满，所以才使得我们能够在漫长的路途上拥有欲望和乐趣。倘若一个人的人生什么都不缺，什么欲望都能轻易得到满足，或者他们无法意识到自己生命中的残缺，还能有什么继续活着的理由呢？

有的人因为失去了人生的追求而选择结束自己的生命，他们一出生就拥有富足的生活环境，人生被小心呵护，没有暴风骤雨。成年后，拥有浪漫的爱情和美满的家庭，可以按照自己的想法自由地生活，无须为生计发愁，也无须为未来积累和奋斗。这是很多人向往的优越生活，但如果长久地身处如此状态，也会渐渐消耗旺盛的斗志和生命力，甚至连最初的快乐都失去了。这不能不说是完美生活状态下的悲哀，也是精神与生命的巨大残缺。为了避免富足生活带来的弊端，人们开始人为制造各种各样的艰苦条件和环境，有些人宁可花费时间和金钱去体验那些崎岖不平的坎坷之路，或者去帮助那些有残缺的人改变他们的人生，从而也让自己的人生变得有意义。可见，弥补残缺的过程是人生中的重要部分，拥有它的人才能拥有真正的人生。所以，拥有残缺对我们的人生来说，又何尝不是幸运的呢？

曾有一位国王请著名的建筑大师为他建造一个宫殿。竣工后，大师请国王去参观，面对几近完美的建筑和装饰，国王十分满意。其中，大厅摆放着的一尊雕像引起了国王的关注，不禁对这件艺术品的价值赞不绝口，称这不仅是世间最美的作品，摆放在这里也让整个宫殿显得更加完美。可大师不仅没有迎合国王的称赞，还派人将这尊雕像搬走了。国王很不高兴，询问大师到底是什么意思。大师解释说，凡事没有完美，如果完美到了极致，本身就是一种缺陷，我又怎么能将这么明显的缺陷留给您呢。失去这尊雕像，并不会失去宫殿的宏伟和威严，您暂且接受这一点点缺憾，未来您将会看到它的好处。国王将信将疑地接受了大师的论断。从那以后，国王每次路过雕像摆放的位置，都在想究竟有什么艺术品可以代替雕像。他做过很多次尝试，但每次都不尽如人意，这也成为他心中的遗憾。但正因如此，他也特别偏爱这座宫殿。当他看腻了别的宫殿，不断地下令拆除和重修的时候，只有这座宫殿始终保持原貌，幸运地保留了下来。因为国王说，只有这座宫殿能够给他带来乐趣。

不断追寻完美的人是否会意识到，一件被认为是完美的东西是很容易被丢弃的。就像一个已经被满足的愿望已经不再需要去实现一样，一件看似完美的东西已经不需要再为它做什么了。一场看似完美的人生，也已经不再需要去经历。放弃本身才是最大的残缺。放弃让你失去了拥有和欣赏的机会，失去了生命里最真实的快乐。所以，偶尔的残缺也可以成为一种幸运，它可以激发我们的潜能，可以让我们感受人生的乐趣，甚至可以为我们带来新的世界。

# 第 13 章

## "淡"在抱怨之外：
## 抱怨是女人一生最无益的损耗

有些女人不能够恰到好处地拿捏抱怨的数量和时机，不分场合、不分对象，没完没了地诉说。时间长了，日子久了，就容易令人生厌。如果女人能够少一些抱怨，就能获得更多的幸福感。很多时候，我们并不是没有快乐的资本，而是在抱怨中亲手毁掉了快乐的星星之火。

# 抱怨是不能解决任何问题的

女人要学会在抱怨之前首先思考解决问题的方式和方法，才能在这个竞争激烈的社会中找到自己的立足之地。

如果上帝要折磨一个男人，就会让他遇到一个喜欢抱怨的女人。可见，女人的抱怨多么具有杀伤力。不只是男人受不了女人的抱怨，很多女人也一样无法容忍同类的抱怨之声。如果每天清晨醒来，就有一只高音喇叭在周围聒噪个不停，也许这一天就再也没有快乐的心情。而喜欢抱怨的女人除了逞一时之痛快，自己也得不到任何好处。既打扰了身边的人，又没办法解决自己的问题，这便是人们不能接受爱抱怨者的缘故了。然而，抱怨却又无法消除。它无处不在，伴随着每一个心存不满的女人。

虽然世上的每个人都拥有不如意，但我们总会觉得别人的不如意要比自己少一些。也就是说，我们更多地看到别人快乐的一面，而忽略了自己所拥有的快乐。于是，这便成了抱怨最直接的理由，它可以让人暂时地找到内心的平衡。但也正因如此，人们才会逐渐对抱怨产生依赖，令它成为生活中不可缺少的存在。

女人们的抱怨是多种多样、千变万化的。抱怨相貌不够美丽，抱怨自己命苦没有好出身，抱怨青春不再容颜易老，抱怨自己没人追，抱怨工作忙，抱怨薪水低，抱怨上司太恶毒，抱怨公司制度不合理，抱怨家庭不富裕，抱怨孩子太任性，抱怨人生太多坎坷，等等。只要你有足够的耐心，只要你愿意倾听，女人们的抱怨是几天几夜都说不完的。

如果一个女人从早上开始，就不停地向你抱怨自己遇到的各种各样的倒霉事，你是否还有心思继续工作呢？如果办公室里刚好有这样一个女人，你是否觉得你是天底下最不幸的人呢？我的朋友晓岚就曾遇到过这样的一个女人，她足足忍受了 3 年这样的日子。那时，她在一家货运公司工作，与她坐对桌的女人每天都要抱怨不休。工作中的事，生活中的事，只要是不顺心的事情，她就要三番五次地抱怨，就好像她从不曾经历让人感到快乐和满足的事情，就好像世界上所有的人和事都要和她作对。某次，她因为客户的一点不友善的态度，和整个办公室的人抱怨了整整一下午，翻出了很多旧事，列举了很多客户的罪状，听众们觉得她大有不与该客户一刀两断誓不罢休的想法。可是第二天，部门主管的一句话，她还是不得不继续与客户打太极。晓岚私下里曾笑她，生活维持原貌，抱怨永无休止。"我真不明白她这样做有什么意义。"晓岚说，"谁都有不顺心的事儿，谁都会抱怨，但通常只是说几句发泄一下就完了。可这样的女人，自己没完没了，还害得我们不得不分心去听她唠叨，耽误自己的工作进度。结果，根本什么用处都没有。其实有些状况，她也不是不能改变，可她压根儿就没想去做，只是图嘴上痛快而已，真让人崩溃。"

西方有句古老的谚语，说："如果说不出别人的好话，不如什么都不说。"这句话告诉人们，说话要有分寸，要有选择，不能肆无忌惮。但有些女人似乎更难以管住自己的嘴巴，总是觉得不说出点什么，会闷得难受。有些问题就会在这些女人的抱怨声中变得复杂化，或者被扩大化，从而耽误后面的进程。所以，喜欢抱怨的女人做事通常是没有效率的。她们浮躁、不快乐、愤世嫉俗，她们的注意力并不在自己的人生发展上，眼里只盯着自己和别人的不足，抱怨成了阻碍她们前行的最大障碍。

问题并不是通过抱怨来解决的，这是每个人都应该明白的道理。因为问题的解决需要切实的行动，而不是只动嘴皮子的唠叨。抱怨十句百句，也比不上切实地去做一点实际的改变。在这方面，有的人甚至还不如内心单纯的孩子。孩子在想要得到心爱的玩具时，会直接要求父母给自己买。如果父母不肯，他们会想办法攒零花钱，或者打零工赚钱，然后自己买。他们不会一味地向父母抱怨，因为他们明白抱怨毫无用处，凡事只要去做，就会有结果。可随着年纪的增长，我们却渐渐忘记了这一点，在困难面前首先想到的是抱怨，首先说出口的是，为什么这件事要临到我头上。这种心态和做法只能让人认为你没有能力去解决问题，所以才给自己寻找各种各样的借口。所以女人要学会在抱怨之前首先思考解决问题的方式和方法，才能在这个竞争激烈的社会中找到自己的立足之地。

# 有些事,真的那么值得抱怨吗?

**在抱怨之前，女人们不妨认真地想一想，你想要抱怨的事情，真的那么值得抱怨吗？如果不值得，就要强迫自己忍一忍，或者转移一下注意力，免得在没完没了的抱怨中迷失自己。**

通过抱怨之声，我们轻易地就可以了解发生在人们身上的各种各样的事。有的事对于当事人来说是具有决定性的，很重要；而有的事，根本不值得一提，只要平静下来就会过去。适当地抱怨那些对自己来说很难接受或处理的事情，可以为自己减轻一些压力，没准儿还能遇到愿意伸出援手的人；而抱怨一些无伤大雅的小事，不仅会惹人烦，还可能会节外生枝，将事情扩大化。

女人的抱怨以鸡毛蒜皮的小事居多，诸如，皮肤又变得粗糙了；化妆品的效果不够好；身上的赘肉又增多；衣橱里缺少新品了；上班路上的塞车时间又增加了；办公室新来的女孩让人看不顺眼；客户的要求太难满足；领导的眼光越来越挑剔；自家男人的毛病越来越多；家务累人又不讨好；孩子的麻烦问题一堆……

在喜欢抱怨的女人眼中，很难有顺利的事、开心的事、无关紧要的事。她们只关心事情无法改变、无法解决的那一面，从不会换个角度想想生活中好的一面，想想自己得到了些什么。而生活的乐趣，也就在这些毫无意义的抱怨中渐渐消亡了。

住在我隔壁的一个叫菲菲的女人，就是特别喜欢抱怨的类型。我从不认为她的生活有多么不如意：拥有一幢普通的房子，虽然不大，但干净、温暖；拥有和睦的家庭，虽然老公不是富翁，但工作稳定，薪水也属中等水平；两人结婚不到两年，仍然过着美好的二人世界；衣食住行都不用发愁，偶尔出去旅行。即使这样，我还是时常能听到她的抱怨。每次偶遇，她都要拉住我说上半天。抱怨自己的房子不够大，地段不够好；抱怨小区的管理不够到位，物业的工作太糊弄；抱怨上班要坐很久的车，时间都浪费在路上；抱怨男人工作不如别人，多少年也不曾升职，又不肯跳槽。出于礼貌，我不得不停下来等她说上半天，再说几句客套话找借口赶紧溜掉。我不知道她老公是如何容忍她的抱怨的，我觉得自己如果与这样的女人生活在一起会被逼疯的。

某次，她发现楼下的垃圾桶换了地方，早上害她找了半天才将手上拎着的垃圾袋处理掉。傍晚，我在楼门口遇到她，她足足向我抱怨了 15 分钟关于垃圾桶换了位置的问题。我实在忍不住，问她："这种事你可以向物业提一下意见，向我抱怨有什么用呢？其实我想，垃圾桶的位置虽然距离楼门口远了些，但门口的路面和草地都比以前干净了很多，在夏天这样的季节，不用每天挨着一个脏兮兮的垃圾桶，不是很好的事情吗？"她想了想，说："你这么说倒也对。以前我也挺讨厌一出门就遇见垃圾桶，只是习惯了而已。"

你瞧，就是这样的一点小事，也能让她抱怨个不停。其实换个角度想想，事情就没有她所说的那样麻烦、那样严重。将自己有限的时间和精力浪费在这些无端的抱怨中，根本什么意义也没有，只会让自己的心情变得烦躁。总想着一件事情的坏处，坏处就会在心里无限放大，到最后连自己都无法容忍这件事，就只好闹到鱼死网破的地步。

有一次，我在咖啡厅里遇到一对男女。入座后，两人简单要了几样西式甜品，等餐的时候女人便打开了话匣子。听上去，两人是在讨论结婚的事。女人在不停地抱怨，关于男人的家世、礼金的多少、婚礼的排场、婚房的大小，等等，似乎所有的事情都不如女人的愿。她对男人说，我朋友嫁得如何如何风光，我家亲戚说婚礼应当如何如何。起初，对面的男人耐心听着，边听边解释着什么。但女人仍然没有停止抱怨的意思，这时男人看上去已经有些烦躁，他脱口而出："既然我的什么都不能入你的眼，你嫁给我做什么？"女人一时语塞，但又不甘心失败，回敬说："你以为我多想嫁给你？"接下来的情况可想而知，两人之间随即爆发了一场争吵。

如果这两人的婚礼因这次事件而告吹，女人会不会后悔自己的抱怨呢？有时候，女人的抱怨只是一种倾诉和宣泄，并不表示她真的不能接受这些事。可抱怨得太多，就会生出不必要的矛盾，从而因小失大。所以，在抱怨之前，女人们不妨认真地想一想，你想要抱怨的事情，真的那么值得抱怨吗？如果不值得，就要强迫自己忍一忍，或者转移一下注意力，免得在没完没了的抱怨中迷失自己。

喜欢抱怨的女人很难以一颗温柔的心面对生活，所以请不要让自己的生活充满怨念，看淡那些不值得抱怨的人和事，生活中会多一些阳光，少一些烦恼。

# 抱怨活得辛苦，不如学会放松心情

**喜欢抱怨的人，总是拿别人的幸福与自己的痛苦相比较，却看不到属于自己的点滴幸福。**

当女人认为自己活得很辛苦，并且不断地放任这种想法，使其无限蔓延，那么女人就会在无尽的想象中将自己变成苦命的人。特别是身处这样一个快节奏的时代，女人在社会角色和家庭角色的双重压力下，会觉得负担重得令人喘不过气。其实，不只是女人，世上的每个人都活得很辛苦。人生之路多磨难，上天对每个人都是公平的。只是不同的人所经历的苦难不同而已。喜欢抱怨的人，总是拿别人的幸福与自己的痛苦相比较，却看不到属于自己的点滴幸福。整日沉浸在痛苦的想象中难以自拔，用抱怨来宣泄内心的不满，但也于事无补。

很难想象抱怨自己命苦的女人会是美丽的、开阔的、豁达的、幸福的。她们与这些代表幸福快乐的词语不沾边儿，并不是因为她们不能拥有充满阳光的生活，而是因为她们自己固执地躲在黑暗的角落，不愿面对命运带来的任何考验。她们总是有各种各样的理由，来说明自己的生活是多么艰难困苦；也总是用各种各样的理由，来辩护自己不肯努力争取的态度。她们喜欢说"我不适合这个世界"、"这个世界不符合我的想象"、"我已经很辛苦了，你还想让我怎样做"、"为什么别人不用那么辛苦就能得到，我偏偏就要让自己这么累"，而后，她们依旧我行我素，任凭自己懒惰、消沉、悲观，除了抱怨，她们什么事都不会去做。

"有在我面前抱怨的时间，你不如尝试去改变事情的结果。"这是我对小沫所说过的话。她是那种典型的"苦命女"，抱怨老天的不公是她每天必做的事。只要遇到不顺心的事，她就会说，为什么倒霉的人总是我，我的生活真够辛苦的。而事实上，她拥有一份设计师的工作，每月有固定的 3000 块薪水，加班有加班费，项目有提成，收入不比普通的女白领少。工作之余的时间，她也能自己支配。父母退休在家，身体硬朗，不需要照料。老公任劳任怨地承担着多数家务，偶尔还会想方设法给他们的生活增添点乐趣。可这些都不能改变小沫的抱怨，她总是摆出各种事实来说明别人过得要比自己好。比如，她朋友的工作既能拿高薪又不用辛苦；她朋友的老公有才又有貌，两人的生活很自由；她同事的客户都比她的好说话；别的部门的领导比她们部门的更通情达理，等等。

有段时间，她接手了一个很重要的项目，整日埋头苦干，倒也算是兢兢业业。可即使忙得不可开交，她还是免不了要抱怨。我在深夜接到她的电话，向我倾吐自己多么辛苦，工期越来越近，她还没能找到合适的方案。"你说为什么这种麻烦事总是交给我？"她说，"别人每天都能抽空喝茶、聊天、浏览网页，只有我每天都忙得抬不起头来。"我说："那你为什么不想想，领导为何要把这么重要的项目交给你？是不是你比其他人要优秀？你的薪水高过别人，能力高过别人，你还有什么不满呢？有抱怨的时间，不如一点点地把事情做好。"

在那以后，我时常告诫她少一些抱怨。只要能够以自如的心态去接受命运的安排，更多地发掘生活中的快乐，就能感受到人生美丽的一面。陷在抱怨里，就只能积累越来越多的不满。可不管你有多少不满，生活都不会因此而改变，人生之路都照样要走下去。是带着快乐的心情走下去，还是带着怨念走下去，哪一种更好？我想更多的人会选择前者。

抱怨自己的生活有多么辛苦时，不妨想一想那些真正生活在底层的人。她们没有精致的食物和衣服，没有足够的积蓄，没有自己的房子。她们每天辛苦劳作，只能换来微薄的收入。她们性格温和，禀性善良，任劳任怨。她们对生活有期望，但从不抱怨，即使她们无力改变目前的状况，也明白抱怨不会实现她们的愿望。她们懂得如何在有限的条件下，看到生活快乐与美好的一面。

我曾在菜市场附近遇到过一对卖蔬菜的夫妇，他们没有固定的摊位，只有一辆小货车。每天，男人负责进货、摆货，女人负责看摊、卖菜。晚上，他们也没有住处，就直接凑合着睡在车里。每次我去买菜，都能看到女人温和的笑脸，说话很爽快，一点也不做作。熟悉之后，也会简单攀谈几句。她从未抱怨过自己清苦的生活，说既然只能选择这样的生存方式，就好好地做好自己的生意。如果能把生意做好，未来的生活会好起来。

懂得满足的女人是幸福的，也是令人钦佩的。我忽然明白，在没有看到别人的痛苦之前，我们都没有资格抱怨什么。所以每当我遇到那些喜欢抱怨的女人，就会劝她们多看一看其他人的痛苦。这个世界上，没有谁比谁更不幸。与其抱怨活得辛苦，不如学会放松心情，淡然地面对生活中的苦难，才能拥有改变命运的契机。

# 别轻易抱怨人心险恶

聪明的女人不会轻易发出抱怨之声，她们勇于面对自己所处的环境，深谙人情世故，才能游刃有余地面对与自己产生交集的形形色色的人。

社会复杂，人心险恶，自古至今都是如此。人类的头脑比其他任何动物都要发达得多，这也就注定了人类的思想要复杂得多。关于人心究竟是"本善"还是"本恶"的问题，周而复始地争论了很多年，始终没有定论。这些争执看上去也毫无意义，因为不管人心的本质究竟是怎样，我们都不能忽略一个事实，那就是我们身处的社会环境所造就的人，已经不再单纯美好。人与人之间缺乏信任，缺乏欣赏，没有足够的尊重，更多的是彼此之间的钩心斗角、尔虞我诈。众多赤裸裸的黑暗现实伤了人们的心，令很多人不再相信人心中的善良一面。也使得更多的人有理由放纵自己内心的邪恶，美其名曰保护自己。所以我们必须处处小心，提防某些人设置的花样繁多的陷阱。这使得原本就已经足够辛苦的生活变得雪上加霜。

于是，总有人抱怨现在的社会太过黑暗，人心叵测，生存变得难上加难。有时候，自己明明是做了一件好事，却被当成是虚情假意的作秀，被当成是居心不良，甚至被黑白颠倒，变成一件祸事。然而，当我们抱怨别人的险恶时，是否也曾想到自己的内心究竟是怎样的呢？是足够清纯、善良、慈悲的吗？

　　人性中的黑暗，存在于每个人的内心。只是有的人将它发挥得淋漓尽致，有的人将它掩藏在内心深处，不曾示人。按照宗教的理论来说，每个人都是罪孽深重的，因为，人人都有过罪恶的念头。当我们面对诱惑的时候，是否考虑过放弃别人的利益？当我们特别想要拥有一件东西的时候，是否有过不择手段也要据为己有的想法？不管是不是真的付诸实施，此类想法都曾存在于每个人的心里，这是不争的事实。所以，当我们想要抱怨人心险恶的时候，是否也该想想自己究竟是不是其中的一分子呢？如果你也承认自己并非是纯洁无瑕的，那么就不要轻易抱怨身边的人。

　　而今，多数职场女人都过着两点一线的生活，除了家之外，办公室是停留时间最多的地方，却也是女人之间争端最多的地方。俗话说，三个女人一台戏，更何况很多以女人为主力军的办公室。职场如战场的说法是一点也不夸张的，办公室里没有硝烟的战争每天都在上演。女人们竭尽所能，想尽一切办法想要在争斗中获得胜利，有的甚至不惜牺牲自己的姿色和尊严。这便是现实，无法轻易改变。如果不想在这片浑水中受到伤害，就要懂得运用头脑保护自己，所谓"害人之心不可有，防人之心不可无"，身在江湖的染缸，没有人能全身而退。所以，我们都没有资格轻易抱怨别人的险恶用心。

　　曾有一个刚刚工作不久的女孩，给我写了一封长长的邮件，询问职场方面的问题。大学毕业后，她找了一家与专业对口的公司，连同实习期在内，预定的试用期是半年的时间。她很看好公司的发展前景，按部就班地努力工作，只等成为正式员工，然而半年后，公司却不愿留她。她不知道自己错在哪里，工作没有出现过错误，与同事之间的表面关系很融洽，领导也没有对她有过任何异议，公司给她的答复中只说，管理层认为她不适合这份工作。

　　通过她的文字，我隐约感觉到她是那种喜欢抱怨的女孩。在叙述经历的过程中，掺杂了大篇幅抱怨的文字。抱怨公司制度不够人性化，抱怨同事用心太过险恶，自己只好戴着面具与人相处。我问她，你平日是否是喜欢抱怨的女孩，你是否在工作中流露出这些内心的想法。她回答我，抱怨是人之常情，当遇到不顺心的事情时，就要发泄出来。至于这些内心的想法，她自认为没有被别人知道过，当然，关系特别好的人除外。我又问，你指的所谓关系好的人，是否包括同事在内？你是否与同事私下讲过其他人的事情？她回答，在公司里，有一个女孩与我关系很好，我们是同期进公司实习的。当然也都是私底下的关系，表面相待和其他同事一样。既然关系好，当然也偶尔会谈到公司其他人的事，我们都觉得现在社会人际关系太复杂了，真的不得不小心。比如，有一次，有人试图找我茬，我们就商量了对策，给了对方点颜色。

经过多次沟通，我大概了解了事情的轮廓。我想大抵是这样，女孩与那个所谓的朋友是互相倾诉的对象，两人必定时常私下里抱怨一些事，当然也包括公司内部的事或者某位同事的所作所为，这时她的朋友就会帮她出点子，撺掇她教训对方。最终的结果就是，女孩没能被留下，而她的那个朋友却顺利地签了约。难道我们不能窥探其中的秘密吗？最终，我对这个女孩说我并不同情你的遭遇。虽然别人可能伤害了你，但你又怎么能确定自己从未伤害到别人呢？你在抱怨别人用心险恶的时候，可曾想到过自己？在这件事中，抱怨使你看不清真相，抱怨使你丢掉了自己原本应该占据的位置，又能责怪谁呢？

置身复杂的社会环境，每个人都明白人心险恶的道理。人与人之间的关系是微妙的，特别是同事与朋友之间，没有百分之百的坦诚相待，也没有百分之百的面具相对。要学会与人相处之道，而不是一味地抱怨。要知道，当你抱怨别人用心险恶的时候，就好像在说，你自己有多么纯真善良，难道你不觉得这样显得很矫情吗？并且，无端的抱怨也会为自己招来更多的麻烦。聪明的女人不会轻易发出抱怨之声，她们勇于面对自己所处的环境，深谙人情世故，才能游刃有余地面对与自己产生交集的形形色色的人。

# 别给自己挂上怨妇的标牌

女人可以烦躁，可以任性，可以狠毒，但绝不可以接受"怨妇"的标牌。抱怨不能改变过去，不能帮助现在，也不能成就未来，与其怨天尤人，不如带着几分潇洒和妩媚，做多姿多彩的女人。

有的男人说，怨妇猛于虎。的确，怨气满满的女人，手中时刻都握着一把利剑，只要一有导火索，便疯狂地挥舞，既刺伤了别人，也刺伤了自己。因此，怨妇总是要让男人望而生畏、敬而远之的。

有人说，女人之所以会成为怨妇，还是因为过得不够幸福。社会压力大，工作不够顺心，没有男人惦记，诸如此类的原因造就了新时代的大批怨妇。面对烦恼，有的女人只是随口抱怨几句，过后也就算了。而有的女人则到了神经质的程度，不停歇地抱怨，逢人就要说上两句，身边没有人就迫不及待地找来几个。如果对方只是礼节性地倾听还不行，定要让人家发表自己的意见，支持她的抱怨。面对这种女人，你能怎么办？果断地逃吧。所以，通常女人拥有了怨妇的标牌，身边的人便会迅速减少。

倘若你发觉自己近期的烦恼比较多，抱怨比较多，就最好去照照镜子，看看自己是不是蓬头垢面，两眼无光，一脸慵懒而怨气深重的表情。如果很不幸地，你从一个如花似玉的小女子，变成了牢骚满腹的黄脸婆，那就该重新审视一下自己的生活状态了。毕竟，没有哪个女人会心甘情愿地做怨妇。你对一个女人说，你可真是个不折不扣的怨妇。这句评价肯定会像刀子一样深深地扎在她心里，让她痛苦上好半天。可话虽如此，很多女人还是在被狠狠地伤过之后，选择了怨妇的角色。

一年前在某个聚会里遇到过一个叫晶的女孩子，外表看起来很轻柔、淡雅，留着很温顺的长发，独自坐在角落里，很安静。当我接近她的时候，才发觉她涣散的眼神和毫无生气的表情。朋友悄悄告诉我，她是很幽怨的女孩子，以前被男人所伤，变成了现在的样子。很多男人和女人都不喜欢她，她就时常这样孤独着。我没听朋友的忠告，走过去与她搭讪。相熟之后，她和我聊起之前的一些事，说起男人的虚伪、混账和玩世不恭。我说，天底下的男人也不都是这样的，就算都是这样，也总有适合自己的。她说，她已经不指望自己还能遇到什么靠谱的男人。言语间，全都是恨意。最后我告诉她，也许女人最大的不幸就是在最好的年华里遇见最不是东西的男人，但这并不是人生的终结，女人也没有必要在一棵树上吊死。男人活一辈子，女人也活一辈子，为什么女人就非得拿男人的错误惩罚自己呢？

从那以后，我没有再见过那个女孩，但听朋友说，她似乎已经有所改变，不再像以前那样做自暴自弃的怨妇，为自己找到了新的生活方式。我觉得这样就已经很好。女人凭什么要做怨妇呢？看什么人都不顺眼，做什么事都不顺心，这样的女人岂不是一点活着的乐趣都没有了吗？而且，只是自己没有乐趣倒也罢了，很多怨妇般的女人，不仅自己失掉了生活的快乐，还要拉着别人垫背。一副我不高兴，你也不要太开心的架势，简直过分到不可理喻。

我朋友艾米曾在一个月黑风高的深夜，像讲述鬼故事一样，为我讲述了她与某个怨妇之间的对抗。那位怨妇叫莉莉，是她大学时期的一个好朋友，毕业后早婚，嫁给了相恋3年的男人。那男人拥有显赫的家世，所以那时很多女孩都羡慕她能有个好归宿，不用为自己的生计奔忙。婚后，女孩做了年轻的全职太太。她对生活有很好的规划，虽然并不工作，但没有让自己脱离社会。无论是相貌，还是个人修养，这位女孩都可以说是富太太中的佼佼者。然而，就是这样一个优秀的女孩，却在 3 年后变成了一个人人都躲着的怨妇。

起因是莉莉的那个在外面拈花惹草的老公，她不能容忍在自己已经做得近乎完美的情况下，老公还能在外面招惹别的女人。虽然，她的老公一再强调是有人别有用心传出的谣言，可莉莉就是凭着"无风不起浪"的理论，不肯相信。从那以后，莉莉开始变得多疑，进而抱怨不断。每当老公回家太晚，或者做了什么令她生疑的事，她就会唠叨不停。为了照顾自己的面子，也为了让自己耳根清净，她的老公更多时候选择了躲避。但这无疑更加重了莉莉的怨妇情节。她开始频繁地找艾米，向她诉苦。开始艾米以为自己可以帮助她走出困境，于是花费了很多心思和时间，说了很多道理，想改变她的这种状态。但后来逐渐发现，莉莉丝毫不为所动，根本就没有想要改变自己的想法，她只是想找个人抱怨而已。

明白自己无能为力以后，艾米就开始躲着莉莉。因为她实在不想把自己的时间和精力都花费在一个无法改变的怨妇身上，虽然莉莉曾是她的好朋友。"我真的不明白，她的眼里为什么只有黑暗。"艾米说，"以前我不知道怨妇会是如此可怕。她现在抱怨的已经不只是男人，还有身边的每一件事。在咱们看来可能根本就不算什么的事儿，到了她那儿就成了天大的事。她的生活到处都是难题，简直没有任何事是她不抱怨的。虽然我不想她就这么毁了自己，但是我也不想毁了我自己。"一年后，莉莉离婚了，她老公说，他们之间的感情已经被怨恨毁了。

女人是很容易被抱怨吞噬的，沉浸在怨恨中的女人，看不到生命中的光彩，也看不到自己的未来，她们只会硬生生地将自己拖入黑暗的深渊。要知道，这个世界上可怜的人、不幸的人、受伤的人有很多，不只是你会遭遇到那些尽人皆知的故事。一个女人受了伤，掉几滴眼泪，诉说几句，会引起男人或同类的怜悯之心，没准儿还能柳暗花明，找到一个怜香惜玉的好男人。可是，如果一不小心形成了怨气冲天的心态，那就只能等待一个孤独、落魄的结局了。

女人可以烦躁，可以任性，可以狠毒，但绝不可以接受"怨妇"的标牌。抱怨不能改变过去，不能帮助现在，也不能成就未来，与其怨天尤人，不如带着几分潇洒和妩媚，做多姿多彩的女人。

# 抱怨不是唯一的宣泄途径

**抱怨是最没有头脑、最没有品位的宣泄方式，淡定的女人懂得在自己的坏心情面前，选择更有效、更健康的自我平衡和减压方法。**

宣泄，也许是喜欢抱怨的女人能够想到的最好的借口。毫无疑问，抱怨的确是宣泄的方式之一，但却并非是最好的方式。那些零散的、负面的、充满怨气的话语和情绪，就像精神垃圾，如果随意倾倒给某个人或者某些人，是没有道德的。所以，喜欢宣泄的女人，应当学会更多自我调节和适当宣泄的方式，让自己的生活中少一些抱怨，多一些豁达，令自己保持良好的心情和风度。在此，我们不妨共同来探讨一下适合女人的宣泄方式，也许你会从中得到一点启发。

首先，假设你遇到一个非常痛恨的人，他害你吃了大亏，你却拿他没有任何办法。那么，"骂人"也许是一种不错的宣泄方法。这种说法也许会令你吃惊，女人怎么可能随便骂人呢？从小我们都被教育成待人要有礼貌的乖乖女，不管如何，都不能学会这种不讨人喜欢的恶习。但很多时候，"骂人"这种最原始、最直接的宣泄方式，倒是比较能够立竿见影地缓解内心的不快。当然，这里所说的"骂人"，并不是那种污言秽语的罗列，如此低劣的行为根本就不值得一提。事实上，"骂人"也有"骂人"之道，"骂人"也可以有修养、有学问、有艺术，"骂人"还可以骂得幽默，骂得典雅，骂得有风度。可见，骂人也是需要锻炼的，功夫到了，只需寥寥几句，就算不能伤到别人，也可以让自己的怨气逐渐平息下来。并且，很多时候，"骂人"是不需要当面为之的，暗暗地在心里咒骂几句也未尝不可。因此，"骂人"的行为虽然不值得提倡，但偶尔拿来用用，也是无可厚非的。

其次，文字是当前比较流行的宣泄途径之一。自从有了博客、微博这样的平台，网络里充斥了越来越多的私人文字。很多无处诉说的人在自己的私密空间里宣泄着各种各样的情绪，不必害怕影响到别人，也可以对相关的人保密。心里不痛快的时候，写下一大篇文字，自己和自己唠叨一番，心情就能得到很好的缓解。所以，当你想要逃到一个没人的地方，在一个不被打扰的空间里抱怨内心的不快时，就可以在网络中为自己开辟一个小天地。如果你认为自己还是有几分才华，文字水平值得称道，也可以将令人不愉快的遭遇写成故事。在现实中，也许是你成了手下败将，遭遇了不幸的倒霉事，但在故事中，你可以完全按照自己的意愿安排结局。尽管故事终究没有办法变成现实，但一个符合自己期望的完美结局还是可以有效地平复躁动不安的心情。而假如你可以常年坚持写一些文字，没准儿还能成为一名业余写手，何乐而不为呢？

再次，娱乐也是大众化的宣泄方式之一。每个女人都有自己喜欢的娱乐项目，K歌、逛街、吃大餐、看电影、打牌，等等。心情不好的时候，约上三五个朋友一起大疯大闹一场，就会暂时忘却那些压力和伤痛。但需要注意的一点就是千万别玩得太过火。不然喜剧闹成了悲剧，又平添了新的烦恼。

此外，购物、旅行、运动、阅读等，都是适合女人的宣泄方式，它们都比抱怨来得更实际。掌握并且灵活运用其中的一个或者几个，就可以避免自己掉进抱怨的黑洞。抱怨是最没有头脑、最没有品位的宣泄方式，淡定的女人懂得在自己的坏心情面前，选择更有效、更健康的自我平衡和减压方法。

# 脱离抱怨的泥潭，才能获得改变命运的契机

**脱离抱怨的泥潭，才能获得改变命运的契机。不管你要扮演的角色是职场白领，还是家庭主妇，都要谨记"不抱怨"的警语，调整好自己的情绪，以健康、阳光的姿态面对工作、面对生活。**

面对人生路途上诸多的坎坷与不公，是抱怨还是坚持？也许我们都知道应该选择后者，但多数人却只能做到前者。因为抱怨是最直接，也是最简单的方式；而坚持，则需要很好的毅力和持之以恒的精神。

许多女人一生都在追求属于自己的幸福，但在追寻的过程中，却很难坚持。这与女人天生柔弱的性格有关，也与女人对自己的要求不高有关。当女人还是小女孩的时候，就被父母和亲人们呵护着，想要得到的东西自然有人递到手边，只要稍微任性一下或者掉几滴眼泪，再严重的错误也能够得到原谅。渐渐地，有些女孩在成长过程中被娇惯成任性、刁蛮、懒惰、脆弱的样子，不肯付出，不肯依靠自己的力量去得到想要的。遇到挫折和不顺心事，就没完没了地抱怨。虽然有

时候也明知道抱怨是不会解决任何问题的，但就是不肯去做些什么。

若涵是某家物流公司的海运操作员，自工作以来，工作量是整个部门里最少的。因为她一直不停地在抱怨自己的工作太忙，没有能力做那么多。部门主管碍于她是高层领导的亲戚，不愿与她计较，只好刻意减少了她的工作量。于是，其他员工的工作量就比平日要多一些。按理说，这已经是部门所有同事最大的让步。可她还是不满足，又抱怨客户的毛病太多，太难应付。工作时间，大家都在忙碌着，谁也不愿再听她的唠叨。大家只好和主管商量，将最简单的客户让给她。这下，她成了全公司最舒服的员工。

可令人意想不到的是，她的抱怨仍然没有停止。抱怨工作太烦琐，抱怨客户不专业，抱怨办公室气氛太紧张。其他人就这样每天在她的抱怨声中工作，也逐渐变得越来越烦躁。后来，部门主管实在受不了，只好请求管理层将她调到别的部门。为此，管理层特别召集各部门的主管开会，商量这事，可没想到，没有一个部门的主管肯接受她。但她的主管非常坚持自己的决定，因为她直接影响到了其他员工的积极性和工作效率。无奈之下，管理层只好私下做工作，与她解除了劳动合同。

没有哪个上司能接受一个抱怨不休的下属。如果是那种有能力解决问题，能扛起半边天的人，偶尔抱怨上几句还说得过去。不学无术，不愿付出努力的人，还要一而再、再而三地抱怨，就只能被淘汰。一个人想要获得成功，首先要学会的就是不抱怨。尽管任劳任怨的人看上去总是要比别人亏一点，但只有这样的人才能获得更多被委以重任的机会。反之，即使再聪明、再有能力，也很难得到认可。

抱怨是前行中最大的绊脚石，它让人在困难面前停滞不前，不愿努力做出改变。真正想要有所作为的女人，是不会选择抱怨的，她们会在想要抱怨的时候及时克制自己，心平气和地接受现实带来的考验，相信坚持能够换回自己想要的。

工作中是如此，生活中亦是如此。

恋爱中的女人很少抱怨，只因沉浸在甜蜜中，暂时抛弃了世间的俗事，一切都飘荡在浪漫的空气中。当爱情之火渐渐归于平静的时候，女人的抱怨就会多起来。不再需要矜持，也不再需要羞涩，要直面现实中的种种琐碎细小的事情，就会有很多不满。这时，也许男人还能够忍受，还可以耐着性子尽量满足女人的要求。倘若婚后，女人仍然喋喋不休地抱怨，甚至变本加厉，就会给生活带来不幸。

如果一个男人每天被女人追问"你今天上班忙什么了？""下班去哪里了？""和谁一起？""什么样的应酬？带着我行吗？"之类的刨根究底的问题，或者被要求查看手机、钱包、笔记本电脑之类的随身物品，那么这个男人将带着什么样的心情度过每一天的工作和生活呢？我想，一定是充满了无奈与烦恼吧。这样的日子久了，难免会引起烦躁和厌倦。而当一个人对自己的生活产生这种情绪，也就不会认真地对待和经营生活了，没准儿某天遇到新的人和机会，还会想要脱离这种生活。到那时，女人将不得不面对抱怨带来的恶果。

少女时期，我曾亲眼目睹邻居夫妻的争斗。女人是那种典型的黄脸婆，还不到40岁的年纪，却喜欢斤斤计较，喜欢抱怨，整日在丈夫耳边念念叨叨。她的丈夫很头痛，与她沟通过很多次，都没有任何效果。后来，男人不再试图改变她。她以为男人是在这场对抗中妥协了，却不曾想到，男人会在外面寻求另一个安宁的世界。那段时间，他们每天都是在争吵中度过的。女人哭天喊地，男人烦躁不安，原本好好的家庭变得动荡起来。最终，两个人都累了，不愿再维系这场婚姻，就挥挥手告别了。

几年之后，我又遇到那个女人，才知道她又嫁给了一个家世富裕的男人。此时的她已经和从前完全不同，穿着很典雅，讲话很有分寸，举手投足间都显露着成熟女性特有的风情。提及过往，她说她后来明白是自己太过邋遢，又喜欢抱怨，才造成了悲剧的结果。她不怪前夫，只怪自己。现在，她和前夫都有各自的安稳生活，这样已经很好。

学会做不抱怨的女人，不要给男人伤害自己的机会，也不要给生活留下不愉快的印记。多一点理解，多一点柔情，多一点欣赏，多一点乐趣。懂得生活的女人才值得男人珍惜和宠爱，而聪明的女人总是能够游刃有余地经营自己的生活。

脱离抱怨的泥潭，才能获得改变命运的契机。不管你要扮演的角色是职场白领，还是家庭主妇，都要谨记"不抱怨"的警语，调整好自己的情绪，以健康、阳光的姿态面对工作、面对生活。"淡"在抱怨之外的女人，才能成为令人羡慕的好命女。

# 第 14 章

# "淡"在幻想之外：
## 幻想是女人不成熟时都爱做的傻事

幻想的世界不存在，生活仍然要继续。如果不能很好地平衡幻想与现实的重量，就会失去面对人生坎坷的勇气和力量。女人并非天生脆弱不堪，所以女人也无须生活在幻想中。摆脱幻想的诱惑和纠缠，不要做现实的逃兵。内心强大的女人，才能在经历现实的风雨后遇到最美丽的彩虹。

# 适当的幻想是娱乐，也是动力

淡定的女人懂得如何灵活地运用幻想的魔力，而不是被幻想所征服。

幻想是脱离实际的存在，但幻想也寄托了人们美好的愿望。虽然这些愿望没有办法实现，但偶尔拿出来想一想，也是舒缓压力和自娱自乐的一种方式。所以，幻想并非是一无是处的。

小时候，女孩子们喜欢幻想自己是公主，总是要找来几个朋友，玩公主和侍从的游戏。在这场游戏中，只有平日占据主导地位的女孩才能做公主。其他人要将好看的衣服和饰品让给她，然后按照她的意愿扮演侍从的角色。当然，没有人会心甘情愿地扮演侍从，只是出于无奈而已。她们会幻想自己某天也会做公主，身边也有一群侍从。并且，她们坚信如果自己做公主，一定比她好看，比她更像个公主。如果那个习惯于做公主的女孩有点觉悟，便会偶尔让位给其他人，让她们也体会一下做公主的乐趣，实现一下她们的愿望。如此一来，这个小团体才能更加稳固，并可以日复一日地玩着这个游戏。

那时候，幻想给女孩们带来无尽的乐趣，既丰富了她们的生活，也没有占据她们的现实空间。因为她们每个人都明白，自己不可能真的成为公主，也没有人会试图真的想要成为一名公主。对她们来说，幻想就是用来玩的。玩过以后，生活还是要继续。可当女孩们变成少女，甚至女人以后，她们中的某些人似乎忘记了幻想的作用,整日沉浸在自己的幻想中,不肯面对现实,不愿在社会中找到自己的位置和价值,任凭自己在幻想中沉沦下去。

琳琳是我一位朋友的亲戚,朋友很无奈地拜托我帮忙,问我是否可以改变这个孩子的想法。其实,她已经不算是孩子了,25 岁的年纪,没有固定的工作,多数时间宅在家里上网,有很多很多的幻想,但从未在现实中做成一件事。我见到她的时候,觉得她就像一个游荡在房间里的魂,一点也不真实,而且给人一种很懒散的感觉。我问她,你有没有想过要做点什么?她说,当然有,有过很多种职业和人生的规划。我说,那你为什么不去做呢?她想了一会儿,似乎不知道该如何回答,只是说,自己想了很多,但没想好怎么去实现。又说承认自己很喜欢幻想,却懒得去做。我又问,那你最近最想做的事是什么?她说,我这几天想得最多的,就是开一家网店,自己做老板,赚很多钱。我说,那你不如现在就着手去做,这并不是什么难事。

看上去,琳琳的幻想并非是完全不切实际的,但我明白,占据她幻想的并不是开网店这件事,她不会去考虑具体应该怎么做,而是幻想成为老板和赚到很多钱。所以,我鼓励她去实践,逼迫她去想究竟该怎样实现自己的幻想。一个月之后,我追问她开网店的进展。她说,自己已经放弃了开网店的念头,因为太麻烦,而且似乎赚不到她想象得那么多钱。所以,她觉得自己更适合找一个多金的男人嫁了,虽然不劳而获是会遭人鄙视的,但总比拖累家人要好。

我觉得这个女人完全被幻想占据了,自己又懒惰,如果不能狠狠地打击她,她是不会有走出来的想法的。于是,我毫不犹豫地告诉她:"就你现在这种状态,恐怕都懒得追求多金男。而且,你有追求多金男的资本吗?"她有点不高兴,但又找不到合适的话语反驳我。我继续说:"你不如先做点力所能及的事,来得更实在一些。成天活在幻想里,活着还有什么意思?做梦发财,做梦成功,谁不会?但是梦能当饭吃,还是能当钱花?如果你还想有段不错的人生,就趁早摆脱幻想的日子。如果不能，那就等着受苦吧。"

从那之后，她大概是有点想通了，在家人的帮助下找了份工作，虽然还是抱怨连连，幻想不断，但总算可以自力更生。后来，我又讲了文章开头的那个"扮演公主"的故事给她听，我说你小时候一定不会混淆幻想和现实，一定不会真的认为自己可以做公主，那为什么偏偏在长大后迷失了方向呢？难道你的智慧和心态，连小孩子都不如吗？她终于恍然大悟："我想我明白了。其实，我有时候觉得，自己的白日梦也不是真的不可能实现，只是我自己想得太大、太空、太远，又懒得去做。其实我可以当成一种动力的。"

又过了几个月，她真的将网店开起来了。虽然只是小小的一家店铺，但总算还是开了个好头。她说，她已经学会强迫自己放弃幻想，尽可能地想到什么就去做什么。如果发现想到的事是不可能实现的，就只当做南柯一梦。

如果你是一个喜欢幻想的女人，就要时刻告诫自己，以正确的方式和态度对待幻想，不要过分沉浸其中。不妨将丰富多彩的幻想当做娱乐，或者尝试将某些"白日梦"付诸实施，用有意义的行动代替幻想。虽然结果可能达不到幻想的那种样子，但也可以防止自己失足掉进幻想的陷阱。适当的幻想是娱乐，也是动力，淡定的女人懂得如何灵活地运用幻想的魔力，而不是被幻想所征服。

# 生活不是童话，讲不出那么多美丽的故事

这个世间没有那么多美丽的故事，因为生活不是童话，它不够浪漫，不够凄美，也不够快乐。

曾经，不谙世事的我们长久地徜徉在童话的世界里，以为王子公主的幸福和快乐就是自己追求的生活。那时候，我们生活在周围人的保护中，看不到世事的本质，看不到世态炎凉，人生坎坷。后来，当我们终于渐渐脱离了那一份单纯美好的生活，直面现实的残酷和生存的压力时，才明白，生活原来并不像我们当初想象的那般天真。

在现实中，单纯和善良未必能够换回上天的眷顾；在现实中，勤劳质朴也未必能够过上富足的生活；在现实中，王子和公主也会因生活的琐碎而争吵。明白了所有，才觉得自己的那些愿望就真的只能是愿望而已，根本不会有实现的那一天。美丽的幻想只能用来打发时间，却不能用来应对现实生活。然而，总有些人不愿意走入现实，特别是女人。娇生惯养的性格使得她们不断地寻求保护，想要让爱着自己的人为自己创造一个纯净的世界。只是，既然生于这个世间，就注定无处可逃。不能面对现实生活的女人，是不可能拥有属于自己的幸福生活的。

与母亲闲话时，她时常说起小区里的那些新婚夫妇，拥有上百万的大房子，装修豪华，却只是当做酒店一样来去匆匆。家里的厨房和厨具总是一尘不染，水费、电费、煤气费都不高，因为几乎从不开火做饭。从不会为乱糟糟的房间而发

愁，因为父母时常在白天过去帮忙。这样的生活，就像小孩子过家家，看起来很美好，但终有一天会破碎。那时，我还不曾拥有自己的家庭，总是将母亲的话当故事来听，觉得真要是到了必须面对的一天，这些年轻夫妇总会愿意去接受的。我想，大概多数年轻夫妇都是这样想的吧。

两年前，一位同学结了婚，我才第一次看到这种糟糕的婚姻生活。婚前，她和老公规划得特别好，两个人的生活蓝图几乎是完美的。房子的装修和家居用品的购置也完全按照预先的想象，款式漂亮、时尚，都是知名的品牌。两个人还做了约定，分配了各自负责的家务劳动。看得出，两个人都特别期待自己的新生活。然而婚后，生活却完全不是他们的想象。蜜月回来的第三天，两个人就谁也不愿再下厨，伙食能凑合就凑合。又过了几天，房间也没有人愿意收拾，多数时候也就那么乱着，只有偶尔家里要来客人，才会刻意打扫一下。他们的父母实在看不下去，就和他们商量，不如搬回父母家生活，美其名曰"人多热闹"。

就这样，属于他们自己的生活基本宣告终结。虽然有一点令人失望，但日子久了，也就形成了习惯，并且过得乐此不疲。直到某天，她的父母身体出现了状况，不能再为他们的生活操劳。而她的老公是外地人，公婆都不在身边，只有他们自己尝试挑起生活的重担。那段转型期对她来说非常痛苦，曾经多次和老公争吵，并且对生活感到绝望。但现实总要去面对，有些事总要去做。她渐渐了解到生活的本质，渐渐适应了忙碌的日子。学会了所有的家务，学会了精打细算，学会了生活的点点滴滴。她也终于懂得，华丽的家具未必实用，时尚的家居用品未必能够经久耐用。

"现在想来，我们当初结婚的时候对生活的规划就像童话一样。"她告诉我，"那时候的想法真的很美好，我曾经也真的以为生活可以那样幸福，甚至觉得置身那样的生活里，连柴米油盐都是带着高贵气息的。后来才明白，我们连童话里的农场夫妇都赶不上，王子公主更是痴人说梦。生活不能靠幻想，我过去幻想的每一件事情都没实现，也根本不可能实现。现在的生活虽然很辛苦，但我也可以感受到幸福了。我觉得，也许这才是真正的生活吧。"

每个女孩都曾幻想自己的生活，特别是与心爱的人在一起的生活。在她们的幻想中，生活是没有瑕疵的，连艰难困苦也都带着几分浪漫的味道。可生活早晚会将她们的幻想撕得粉碎，并且用血淋淋的事实告诉她们，生活是残酷的，不讲情面的，不是你给它多少，它就会回报你多少，但你又不得不继续与它在一起，不断地尝试征服它，直到你们之间能够和谐共处。如果你要选择沉浸在自己的幻想里，以这种消极的方式面对生活，那么真实的生活终将会距离你越来越远。而某天，当你被迫直面现实，可能会连基本的生存能力都失去了。

这个世间没有那么多美丽的故事，因为生活不是童话，它不够浪漫，不够凄美，也不够快乐。想要感受到生活中的幸福，就要在坎坷中慢慢地积累那些人生路上的点点滴滴的欣喜和感动，虽然这些快乐与艰难和压力相比显得那么渺小，但却是你能够抓紧的、最真实的幸福。

# 幻想爱情的女人得不到爱情

**喜欢幻想爱情的女人并未真正爱着谁，她们不过是爱上了爱情本身的感觉而已。**

在女人多姿多彩的幻想中，爱情占据了非常重要的位置。没有哪个女人不曾幻想过爱情，当女人还是懵懂的女孩时，内心就有了白马王子的样子。尽管后来没能找到自己向往的那种王子，但女人仍然顽固地对爱情抱有幻想。

爱情是虚幻的东西，看不见，摸不着，没有人能说清楚爱情究竟是什么。可女人偏偏就可以为爱情套上华丽而神圣的外衣，想象着自己为心爱的男人付出所有，还觉得是天底下最幸福的事。难怪人家都说，置身爱情中的女人，智商基本为零。然而，爱情的魔力就是能够让女人宁愿抛弃自己的智商，也要投入其中。因为原本已经足够美丽的爱情，在女人的幻想中更加妩媚，它让女人相信，这辈子不经历一场惊心动魄的爱情，就白来世上走了这一遭。

但正像女人花了大把钞票买回家的东西，有一半都要压箱底一样，真正能够让女人迷恋上的爱情，也多半是徒有其表的。于是，有的男人用爱情套牢女人，换来自己想要的，失去兴趣之后又随手放弃。他根本不用担心被女人埋怨花心，总有女人会试图成为他的最后一个，因为幻想往往令女人倍添自信。而女人，就是在爱情的幻想中弄丢了真正属于自己的爱情。

在错误的时间里遇到正确的人，是许多女人都曾经历过的爱情想象。以为两个人明明相爱却又不能在一起，是多么悲惨的事情，是不是？以为那个口口声声说爱你的男人，也非常痛苦，是不是？以为你们的爱情能够惊天地泣鬼神，旷古绝伦，是不是？倘若女人真的能够了解背后的真相，也许会觉得自己是天底下最大的傻瓜。

一个自称喜欢幻想的女人，在自己的博客里写下一段故事：女主角是她自己或者是身边的朋友。结婚两年，没有孩子。与丈夫之间生活平平，没有多少乐趣。像所有俗套的故事一样，她在朋友的饭局中结识了一个更帅气、更幽默、更多金的男人。男人表示，对她一见钟情、相见恨晚，觉得她就是自己生命中要寻找的那个女人。并且男人说自己不在乎她已经结婚的事实，不在乎世俗的眼光，只要她愿意，他就可以奋不顾身。多么诚恳，多么优秀，多么伟大的男人，女人甚至都有点自叹不如。今生今世能遇到这样一个男人，还有什么好遗憾的呢？于是，接下来的故事，可想而知。女人被征服，不管是内心，还是身体，她觉得自己可以为男人放弃一切，包括婚姻。当然，男人不会真的让女人这么做。他很有风度地表示不需要女人做出那么大的牺牲，他会觉得很抱歉、很内疚、很不是滋味、很对不起女人的老公。女人还感激涕零地觉得男人很洒脱、很豪迈、很豁达。所以，女人和男人保持了一年多的情人关系，任凭身边的闺密怎么劝都无济于事。可直到有一天，女人偶遇男人和另外一个年轻女人在一起，两人亲密的样子和那个女人脸上幸福的笑容让她简直恨不得找个地缝钻进去。

沉浸在爱情幻想中的女人，是不见棺材不落泪的。甚至某些女人见了棺材，也不相信自己的眼睛，仍然固执地认为这其中肯定有深层的原因，必然是因为对方有什么难处。好吧，我现在可以很负责任地告诉此类女人，花心男人唯一的难处可能就是如何把你勾引到手，再如何和平分手。自始至终，你都像是一个演员，在按照这种男人导演的剧本努力地扮演着一个痴情女人的角色，而男人则在一旁满意地欣赏自己的杰作，他们不曾有半点亏欠和内疚的想法。可即使天下的剧本都是雷同的，有些女人在听尽了别人的故事之后，仍然前仆后继地奔向无耻男人的怀抱，这不能不说是身为女人的最大失败。而失败的罪魁祸首，就是女人无法放弃的爱情幻想。有句话说，幻想越美丽，现实越残酷。可某些女人就是宁可接受现实的残酷，也不愿放弃自己的幻想。

还有的女人，虽然不会轻易相信男人的甜言蜜语，但却太过坚守自己的单纯幻想。这类女人很难找到理想的伴侣，因为身边的男人都不符合她们的想象。而对于男人们来说，她们就像生活在梦幻中的仙子，不食人间烟火，既勾不起男人的欲望，也无法满足男人的虚荣心。所以，没有男人愿意接近她们，守护她们的幻想，她们也就只能活在自己的世界里，与自己脑海中的白马王子谈一场柏拉图式的恋爱。

不要怀疑现代社会是否还有这样的女人存在，我身边就有这样一个女人。26

岁还没有谈过一次恋爱，也不是不想找男朋友，而是觉得没有适当的机会。我和她沟通过很多次，才弄明白她的想法。其实她的心态很单纯，就是想找个一见钟情的男人，就像那些言情小说里描写的情节。我实在不想太过打击她，但不得不让她认清自己的处境。我说，到了你这样的年纪，能让你一见钟情的男人基本上都名草有主，剩下的就算有能让你钟情的，但人家也未必钟情于你。既要一见钟情又要两情相悦，简直比天方夜谭都难。

我劝她大概有差不多一年的时间，她终于放弃了一见钟情的设计，肯接受身边的亲戚朋友帮她介绍的男人，可故事却远没有结束。虽然她一再强调自己的要求并不高，但是面对别人介绍的男朋友，她总能说出一大堆对方的缺点，往往是还没有相处，就认定这个人不适合自己。她最常说的话就是"我觉得他应该是……样的"，于是我明白，她始终没能走出幻想。我告诉她，你不能先想象，然后用臆想的标准去要求对方，那样你永远都找不到合适的人，因为你自己的想法也是在不断变化的。从此你也不要再看言情剧，不然你就只能按照言情剧的模式来幻想自己的爱情。后来，她也尝试做出一些改变，但还是没能找到自己的爱情。

事实上，在生活中她是比较现实的女孩，很懂事，人情世故都能处理得不错，会做家务，能独立承担生活的方方面面，可唯独爱情，竟然走得这么坎坷。说到底，都还是她坚持自己的幻想带来的结果，谁也帮不了她。

对女人来说，爱情的诱惑力的确是难以抵挡的，没有女人能在爱情虚构的美丽面前不为所动。但这并不表示女人就一定要相信爱情的幻想，并且心甘情愿地置身其中。真正拥有智慧的女人，懂得如何将幻想与现实剥离开，也懂得必须要在现实面前做出妥协，不能为了爱情而"爱"，幻想爱情的女人是得不到爱情的。

罗宾·伍德说："除非我们有自爱，能接受自己。没有这些情感，我们就不会相信自己值得别人爱。如果相反的话，我们只会为了得到爱，而给予别人爱，只会揣着关怀和耐心，只会忍受痛苦和牺牲，只会委身于别人，只会成为各式美味佳肴。"喜欢幻想爱情的女人并未真正爱着谁，她们不过是爱上了爱情本身的感觉而已。为此放弃自尊、自爱，为此令自己变得卑微，成为男人能够随手丢弃或者根本不愿靠近的角色。

女人的年华如此宝贵，不要为爱情的幻想付出太过沉重的代价。在现实面前做个有智慧的乖乖女，就真的可以得到现实的回报的。

# 避免患上幻想症

**"活在当下"是一个女人必须要做到的事情。从现在起，寻找适合自己的方向，将幻想变成理想，并为之付出努力，一步一步地向前走，终将会到达彼岸。**

与喜欢幻想相比，幻想症的问题要严重得多。在心理学中，幻想症通常是指对一件事情产生没有理由和根据的或者过多的想法，也可能是憧憬根本不存在的事物。前一种较为常见，后一种比较少见。真正的幻想症可以导致人的精神恍惚，终日在幻想中沉沦，以至于影响到正常生活。

虽然，普通人患上幻想症的概率并不高，但对于喜欢幻想的女人们来说，还是要时刻保持警觉，懂得克制自己的幻想，将它停留在喜欢的阶段，而不是任其发展到迷恋的程度。

幻想症的产生原因有很多种，比较常见的是因一种强烈的自我暗示和潜意识，对某件事有强烈的欲望，但这件事又不会在现实中发生，或者对某件事有抵触情绪，却又不去寻求真相，只是在自己的头脑中幻想事情的来龙去脉，日子久了，就难免距离真实越来越远。

曾有一个女人在 QQ 里向我讲述过她遇到的很疯狂的事：她和一个要好的朋友小惠同时喜欢上一个男人，后来她经过深思熟虑，觉得男人的性格不适合她，就主动选择了退出。原本这应该是皆大欢喜的事情，可小惠却不知不觉患上了幻想症。"我真的不知道她到底是怎么想的。"女人告诉我，"按照我当初的想法，没有我的介入，他们之间应该能好好走下去，谁知道小惠会变得这么神经质，成天幻想我和她男朋友背后有见不得人的暧昧，你说这怎么可能呢？没错，当初我是喜欢过这个男人，可是既然没选择他，那就表示我已经不喜欢了。我又不是为了她才退出，我才不会做这样难为自己的事。"

起初，她很耐心地解释，也通过很多事证明自己和她男朋友之间什么都没发生过。可所有的事实都敌不过小惠的幻想，只要她一出现，哪怕只是一个电话，小惠都会和男朋友发生争吵，硬逼着他说清楚。后来，她渐渐也就不和他们联系了。可事情还是没完没了地发生，她发现小惠开始向她周围的同事和朋友控诉，说她和别人的男朋友玩暧昧，还编出很多故事，说她约那个男人看电影、吃饭，说她缠着那个男人不放。"有了这次经历，我才知道有点幻想症的女人多么可怕。"她说，"把我根本就没做过的事情到处乱讲，还冒充是我朋友。她给我的工作和生活带来了很严重的影响。那段时间，我几乎每天都在澄清这些事。了解我的人都知道，我不可能会做这些事，何况我也根本没时间。她的有些说辞，很明显就站不住脚，比如说我某天某时在哪儿和她男朋友见面，可那天我明明在和朋友吃饭，我朋友听了都觉得可笑。"这件事闹得沸沸扬扬，一直到她有了自己的男朋友，小惠才渐渐淡出了她的生活。

对于小惠来说，也许是太爱自己的男朋友，容不得别的女人，尤其是爱过他的女人靠近。可无边无尽的幻想，带来的不过只是荒谬的情节和无端的伤害，好好的两个朋友就这样分道扬镳，还带着些许的恨意，不能说不是一种悲哀。

　　幻想是毫无意义的，不管是因为压抑、自卑、抑郁，还是太过在乎，幻想都不能令内心彻底得到解脱。唯有面对现实，接受现实，才能找到正确的人生方向。女人应当了解幻想所带来的负面影响，懂得如何让自己脱离不切实际的幻想，避免在幻想之路上越走越远，成为一个幻想症女人。

　　"活在当下"是一个女人必须要做到的事情。从现在起，寻找适合自己的方向，将幻想变成理想，并为之付出努力，一步一步地向前走，终将会到达彼岸。

# 逃避现实，不如面对现实

**生活并不复杂，现实也并没有想象中的那样黑暗。**

　　有部片子，叫做《妄想代理人》。通过超现实主义的形式，表述了承受巨大压力的都市人的幻想和逃离。整个故事的主题就是"不能逃避现实"。故事中，拿着棒球棍袭击人们的少年，打击了一个又一个对生活失去希望的人。他们渴望解脱，在被打击后也豁然开朗起来，但终究还是不能解决自己在现实中遇到的各种各样的问题和麻烦。

　　虚拟世界无法代替现实，所以，逃避现实并不是生存的根本方法。虽然，世界上有无数想要逃脱的人，我们都是其中之一。当我们自认为看尽了世间的繁华，看穿了世事的不公，看清了人性的黑暗，就会不自觉地想要逃避。而幻境，是最直接也是最省力的逃避方式。自己受到了伤害，就幻想那个伤害自己的人不得好报；自己得不到足够的金钱，就幻想某天会突然暴富，过上奢华的生活；自己的爱情不够完满，就幻想拥有一个甘心拜倒在自己石榴裙下的好男人。总之，每个女人都有令自己感到心情舒畅的幻想。但有时候，在这样的幻想中逃避现实会让自己迷失。

"我觉得生活很烦，常常希望自己能找到一个没有人的地方生活。"这是一个女人曾对我说过的话。她觉得自己已经无力承受现实带来的种种压力和烦躁，希望自己能得到足够的时间和空间。于是，我建议她独自去旅行，去大漠或者草原。在陌生的地方和足够开阔的空间里，待上一段时间。为了疏解自己的压抑，她辞掉了薪水微薄的工作，一个人背起行囊上路。

大约过了两周，她风尘仆仆地回来，说一个人的日子太无聊，风景虽然美丽，但看得久了也难免感到厌倦。在空旷的大漠里漫无目的地走着时，她迫切地想要回到原本的生活，哪怕面对永远也解决不完的问题。"这里至少有我熟悉的人，有家人，有朋友，偶尔可以约上几个人出去玩，日子不至于太单调。而且你看，虽然我出去了一段日子，可该解决的问题仍然在，等到我回来以后，还是要一点点地把它们处理掉。"她说，"我终于明白了，现实即使可以逃避，也只是短暂的。一个没有人的地方，没有人群的生活，根本就毫无意义。那样孤立地活着能够做什么呢？"

面对现实，每个人的心里都有很多疑问：我的未来是什么样子的？为什么我要如此辛苦？为什么总有做不完的事？为什么人与人之间一定要充满争斗？为什么生活不能够单纯而美好？为什么我爱的人不爱我，而爱我的人我又不爱？为什么我付出那么多，却得不到相应的回报？如果这些复杂的问题一再地徘徊在脑子里，整个人就会陷入一种紧张、焦虑、恐慌、阴郁的境地。

其实，生活并不复杂，现实也并没有想象中的那样黑暗。一点一点地解决必须要解决的问题，淡然地面对得到和失去，现实的路也可以走得平坦、安稳、阳光明媚。逃避现实，不如面对现实。学会放弃幻想，游戏人间的女人，才能拥有充满乐趣与幸福的未来。

后记

# 后记

## 淡定的女人不寂寞

寂寞，无处不在。

而女人的寂寞，是人生路上最致命的情绪。

阿桑在一首歌里唱道：孤单是一个人的狂欢，狂欢是一群人的孤单。

有女人问我，为什么我置身人群中，却感觉如此冰冷。那些人和事，好像根本就不曾存在过，当我发觉他们的本质，就不可避免地想要走开。于是，我只能寂寞而虚空地活着，像游走在世间的幽灵，没有依靠，没有温暖，没有安稳。

我说，因为你不够淡定。

她笑，怎么能说我不够淡定呢？你看我，多么平和地在讲话、工作、生活，不与人争执，不宣泄不满情绪，不做对不起别人的事情。

我告诉她，这并不是真正的淡定。

我给她讲"人淡如菊"的意义。执著、坚定、内敛、朴实，拒绝傲气、拒绝名利、拒绝诱惑。看淡世间的灯红酒绿、尔虞我诈，将生活和生命都归于平静，成为清雅脱俗、韵致风情的女人。

她说，这简直太难了，我做不到。

我说，你没有去尝试过，怎么就认定自己做不到。生命本就是不断修行和成长的过程，如果每个人生来就能淡定，世上哪还会有那么多烦恼、阴郁、幻想、寂寞、空虚、无聊、疯狂呢？

她点点头，一副不置可否的样子。

后来，我想到要在书中探讨一下这些事。

写作本身也是一种修行。整个过程中，读了很多，看了很多，也思考了很多。想起多年生活中的点点滴滴，有欢乐，也有悲伤；有幸福，也有痛苦；有平坦，也有坎坷。我想，也许这就是生命中最值得纪念的部分。

长久地压在心头的种种情绪，得以在完稿后随风飘散。我觉得自己真的可以释然了，可以放下许许多多的芥蒂与心结，勇敢地面对自己的未来。

那么，倘若这本书真的可以帮到每一位阅读它、喜爱它的女人，我便会感到安心。

当你合上这本书的时候，希望你也可以拥有淡定的心境和自由、洒脱的未来。